青少年 科普知识 读本

打开知识的大门，进入这多姿多彩的殿堂

探索
神秘的宇宙

玮　珏◎编著

河北出版传媒集团
河北科学技术出版社

图书在版编目(CIP)数据

探索神秘的宇宙 / 玮珏编著. --石家庄：河北科
学技术出版社，2013. 5(2021. 2 重印)
ISBN 978-7-5375-5861-7

Ⅰ. ①探… Ⅱ. ①玮… Ⅲ. ①宇宙-青年读物②宇宙
-少年读物 Ⅳ. ①P159-49

中国版本图书馆 CIP 数据核字(2013)第 095475 号

探索神秘的宇宙
tansuo shenmi de yuzhou
玮珏 编著

出版发行		河北出版传媒集团
		河北科学技术出版社
地	址	石家庄市友谊北大街 330 号(邮编：050061)
印	刷	北京一鑫印务有限责任公司
经	销	新华书店
开	本	710×1000　1/16
印	张	13
字	数	160 千字
版	次	2013 年 5 月第 1 版
		2021 年 2 月第 3 次印刷
定	价	32. 00 元

前言

当我们把目光投向浩瀚深邃的苍穹，当我们面对交辉闪烁的繁星，是否会有这样的疑问：宇宙和星星是如何产生的？宇宙有多大？宇宙之外又有些什么呢……

从我国古代发明了可操纵的火箭装置到今天人类的宇宙飞船已经能够从容地在太空翱翔，这仅仅让我们揭开了宇宙的冰山一角而已。人类对茫茫宇宙的探索，不断有新发现，又不断有新谜团。宇宙之谜，难以穷尽，深奥无比。这就需要当今的人们再接再厉，早日打开宇宙这扇神秘之门。

本书针对令人感兴趣又深觉茫然的许多宇宙问题，旧谜新解，新谜细说，能开人眼界，启人心智。在这里你可以置身地球心却飞向神秘的太空，触摸那遥远而又神秘的星球，也可以翱翔天际，体验一场难忘的太空之旅！让青少年读者飞向蓝天、飞向太空、飞向未知世界的同时，去探索太空里更多的奥秘。

　　全书资料翔实，文字简练，语言通俗，富有韵味，再配以形象的图片，更是图文并茂，有助于青少年读者学习宇宙天文知识，拓展自己的视野。

　　本书作为权威专家精心打造的青少年科普读物，力求融知识、趣味和探索于一体，使各个知识点综合各家之见，浓缩各派之说，让青少年读者对宇宙有一个比较全面的、客观的认识和了解。

前言

第一章　宇宙的秘密

目 录

Contents

第二章　宇宙中的各种天体

第三章　探秘星系

第四章　太阳和太阳系

目录

Contents

第五章　地球的"伴侣"——月球

目录

第六章　瞭望茫茫宇宙

Contents

第一章
宇宙的秘密

宇宙是什么？宇宙是怎么形成的？宇宙会怎样发展下去？宇宙的这些奥秘有着很多种解释，科学家们提出了种种假说以及猜想，但至今还没有一种令世人信服的说法。我们的视野还处在非常狭窄的范围里，现在就来了解宇宙的众多谜题吧！

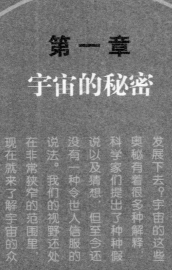

科学家们的宇宙模型

　　宇宙模型，就是根据物理理论，在一定的假设前提下提出的关于宇宙的设想与推测。

　　著名科学家爱因斯坦于 1916 年提出了广义相对论，认为宇宙中没有绝对空间和绝对时间，空间和时间都不能与物质隔开，二者均受物质影响；引力是空间弯曲的效应，而空间弯曲是由物质存在决定的。爱因斯坦将他的理论应用于宇宙研究，1917 年发表了《根据广义相对论的宇宙学考察》的论文，他将广义相对论的引力场方程用于整个宇宙，建立起一种宇宙模型。

　　当时的科学家普遍认为，宇宙是静止的、不随时间变化的。美国天文学家斯里弗已经发现了河外星系的谱线红移（显然这是对静止宇宙的挑战），但由于当时正值第一次世界大战，这一消息并没有传到欧洲。因此，爱因斯坦也和大多数科学家一样，认为宇宙是静态的。爱因斯坦想从引力场方程着手，得出一个宇宙是静态的、均匀的、各向同性的答案。但他得到的答案却是不稳定的，空间和距离并不是恒定不变的，而是随时变化的。为了得到一个空间是稳定的解，爱因斯坦人为地在引力场方程中引入了一个叫做"宇宙常数"的项，让它起斥力的作用，从而得出一个有限无边的静态宇宙模型，称为爱因斯坦宇宙模型。为了便于理解，我们可以把它比喻为三维空间中的一个二维球面：球面的面积是有限的，但球面没有边界，也无中心，球面保持静态状态。几年以后，爱因斯坦得知河外星系退行、宇宙膨胀的消息后，非常后悔在自己的模型中加了一个宇宙常数项，称这是他一生中犯的最大错误。

宇宙的未知命运

宇宙的膨胀过程会一直持续下去吗？还是有一天会开始收缩？如果它一直膨胀下去，会出现什么情况呢？这是一个关系到宇宙未来的大问题。

自然界的4种作用，即引力作用、电磁作用、强相互作用、弱相互作用，其中以引力作用最弱，但它在大范围内起作用，而且引力对宇宙的膨胀起着抑制作用。

宇宙各部分相互间的引力，使得宇宙的膨胀一直在减速。这种引力的大小取决于宇宙物质的密度，物质密度越大，这种引力也就越大。如果宇宙物质密度高于一定的值（临界值），则引力将最终可以制

止宇宙膨胀；如果宇宙物质密度低于这个临界密度值，则引力不够大，那么宇宙将会继续膨胀下去。研究表明：宇宙中存在着大量不可见的暗物质，如褐矮星、死去的恒星、不发光的气云以及宇宙早期生成的小黑洞等。近来，有些科学家发现，中微子可能有静止质量。由于宇宙间中微子数量很大，所以哪怕中微子具有仅仅30～50电子伏的质量，也将使宇宙物质密度大于临界密度，那时

引力场将增强，将使宇宙的膨胀在持续相当长的时间后停下来，并转为收缩。收缩过程会逐渐加速，直到回复到无限密集的状态。然后又可能发生大爆炸，宇宙再一次膨胀。宇宙就这样膨胀、收缩、再膨胀、再收缩……

如果宇宙永远膨胀下去，会出现什么情况呢？一些科学家的研究结果表明：最终宇宙中可能只有由光子、中微子、电子、正电子组成的稀薄等离子体了。不过，那是 10 100 年之后的事了。

由于各种因素以及影响和现在掌握的数据的不确定性，因此宇宙未来的命运还是一个未知的问题。

在 18 世纪的人们眼里，宇宙的大小还只局限于太阳系。随着科学技术的发展，人们逐渐认识到：地球不是太阳系的中心，太阳才是太阳系的中心，而太阳也只是天空中数以万计的恒星里的一颗。于是，人们心目中的"宇宙"开始逐渐扩展到了银河系。18 世纪之后，人们才弄清了太阳也只不过是银河系中众多的恒星中的一颗而已。

宇宙年龄之谜

所谓"宇宙的年龄"，就是宇宙诞生至今的时间。美国天文学家哈勃发现：宇宙诞生以来一直在急剧地膨胀着，这就使天体间都在相互退行，并且其退行的速度还与距离成正比，这个比例常数就叫"哈勃常数"，而它的倒数就是宇宙年龄。只要我们测出了天体的退行速度和距离，就测出了哈勃常数，也就能够知道宇宙的年龄了。

可是，不同的天文学家得出的宇宙年龄的结果却相去甚远，在 100 亿~200 亿年的范围内众说不一。这是为什么呢？这是因为天体退行速度的测定通常由红移取得，比较一致，而天体距离的测定误差就比较大了。

有人认为早期的宇宙膨胀比现在快，这样推得的宇宙年龄只有60亿～70亿年。但低值宇宙年龄的正确性值得怀疑，因为作为宇宙组成部分的球状星团的年龄至少已有130亿年，宇宙年龄的最高推测值竟有340亿年。究竟哪一个结果准确，现在还没有定论。

宇宙何时会死亡

宇宙有没有终结的一天？宇宙将会如何终结？是"砰"的一声大爆炸，还是逐渐消亡？当地球人在无数个夜晚，悄悄地仰望灿烂夜空，对生命，对宇宙浮想联翩的时候，总会从内心深处发出这样的疑问。

根据科学家利用天文望远镜获得的最新观测结果，宇宙最终不会变成一团熊熊燃烧的烈火，而是会逐渐衰变成永恒的、冰冷的黑暗。这似乎太骇人听闻了。然而地球人或许没有必要杞人忧天，因为地球人暂时还不会被宇宙"驱逐出境"。根据科学家的推测，宇宙至少将目前这种适于生命存在的状态再维持1000亿年。这个庞大的数字相当

于地球历史的 20 倍，或者，相当于智人（现代人的学名）历史的 500 万倍。既然它将发生在如此遥远的未来对地球人今天的生活就不会有丝毫影响。

与此同时，科学家又指出：没有什么东西是可以永远存在的。宇宙也许不会突然消失。但是，随着时间的推移，它可能会让人觉得越来越不舒服，并且最终变得不再适于生命存在。

这种情况将会在什么时候出现呢？又会以怎样的方式出现呢？这的确是一个令人沮丧的问题。但是，我们又不得不承认，对于我们这些生活在地球上的凡夫俗子来说，这些问题却有另一种冷酷的魅力。

自从 20 世纪 20 年代，天文学家哈勃发现宇宙正在膨胀以来，"大爆炸"理论一直没有摆脱被修改的命运。根据这一理论，科学家指出，宇宙的最终命运取决于两种相反力量长时间"拔河比赛"的结果：一种力量是宇宙的膨胀，在过去的 100 多亿年里，宇宙的扩张一直在使星系之间的距离拉大；另一种力量则是这些星系和宇宙中所有其他物质之间的万有引力，它会使宇宙扩张的速度逐渐放慢。如果万有引力足以使扩张最终停止，宇宙注定将会坍塌，最终变成一个大火球——"大崩坠"，如果万有引力不足以阻止宇宙的持续膨胀，它将最终变成一个漆黑的寒冷的世界。

显而易见，任何一种结局都在预示着生命的消亡。不过，人类的最终命运还无法确定。因为目前，人们尚不能对扩张和万有引力作出精确的估测，更不知道谁将是最后的胜利者，天文学家的观测结果仍然存在着许多不确定的因素。

这种不确定因素又是什么呢？科学家指出，这一不确定因素涉及膨胀理论。根据这一理论宇宙始于一个像气泡一样的虚无空间，在这个空间里，最初的膨胀速度要比光速快得多。然而，在膨胀结束之后，最终推动宇宙高速膨胀的力量也许并没有完全消退。它可能仍然存在于宇宙之中，潜伏在虚无的空间里，并在冥冥中不断推动宇宙的持续扩张。为了证实这种推测，科学家又对遥远的星系中正在爆发的恒星进行了多次观察。

通过观察，他们认为这种正在发挥作用的膨胀推动力有可能存在。

倘若真是这样的话，决定宇宙未来命运的就不仅仅是宇宙的扩张和万有引力，还与在宇宙中久久徘徊的膨胀推动力所产生的涡轮增压作用有关，而它可以使宇宙无限扩张下去。

但是，人们最关心的或许是智慧生命本身。人类将在宇宙中扮演什么角色呢？难道人类注定要灭亡吗？人类已经在越来越快地改变着地球，操纵着自己的生存环境，也许到那时，人类将会以高度发达的智慧在宇宙中立于不败之地。谁知道呢？且让未来的地球人和地球外一切生命拭目以待吧。人类对宇宙的认识永远没有终极，认识穷尽的那天也许就是人类或宇宙毁灭的那一天。正如爱因斯坦在写给一个对世界的命运感到担忧的孩子的信中所说："至于谈到世界末日的问题，我的意见是：等着瞧吧！"

未知的神秘能量

近些年，天文学家发现了一种控制宇宙的神秘能量——暗能量存在的最新证据，这种暗能量可能占宇宙总能量的2/3，它正在把宇宙中的星系及星系中的一切以史无前例的速度相互分离。

这些年来，科学家们一直在寻找宇宙不仅正在膨胀，而且正在加速膨胀的原因。有人认为，是神奇的暗能量在远距离上把物体推开，从而克服了引力的局部作用。

英国曼彻斯特大学伊恩·布劳内领导的一个国际天文小组为神秘的

暗能量的存在提供了新的证据。这些科学家观察到，来自遥远而明亮的类星体的光被弯曲后形成了若干个类星体的图像，图像的数目和途中存在的星系所形成的引力透镜数目不相符合，由此科学家断定，途中必定存在我们看不见的其他物质，从而证明了宇宙中确实存在暗能量。

引力透镜现象是由于来自遥远星系的光在到达天文望远镜之前，会因途中的其他物体的引力而弯曲，和通常的透镜折射光相似。

据报道，该天文小组的一位科学家使用包括宇宙年龄在内的参数和引力透镜源的可能数目，计算被引力透镜折射的类星体的数目。他发现这一数目大约是没有暗能量存在的情况下类星体图像数目的 2 倍。因此他推算出，宇宙的2/3是由暗能量组成的。

剩下的 1/3 由暗物质（它的形态至今还不知道）和组成星球与行星的常规物质构成。所有这两种物质的引力是正常的引力，即通常的万有引力。

而暗能量与它们相反，具有长距离的反引力性质。与神秘的暗物质一样，目前科学家们并不知道暗能量究竟是什么，但这些新的结果增加了暗能量存在的可信度。现在科学界普遍相信，它是宇宙加速膨胀的原因。

这一新的引力透镜试验建立在和过去完全不同的物理论据上，所以它提供的支持暗能量存在的证明是独立于其他证明的。

由于通过引力透镜形成的类星体图像通常挨得太近，这个天文小组使用了世界上最强大的射电天文望远镜阵列，得到了上千个类星体的无线电照片。他们之所以选择射电天文望远镜，是因为它们能把细节放大许多倍，比光学望远镜甚至哈勃天文望远镜看得都清楚。

暗能量这个说法直到 1998 年才出现在天文学领域里。当时，两组天文学家对遥远的星系中正在爆炸的星球即超新星进行观察，发现超新星比他们认为的暗淡。这意味着它们的距离比科学家原来认为的更远了。

造成这种情况的唯一解释应该是，假设宇宙的膨胀在过去的某个时间加速了。

天文学家在这之前一般认为，由于单个星系相互作用造成了引力拖拽，宇宙膨胀是逐渐减慢的。但是对这个超新星的观察结果表明，有某种神秘的力量在对抗引力的拖拽，使星系以前所未有的加速度相互远离。

起初，其他科学家对这个结果表示怀疑。也许超新星变暗是

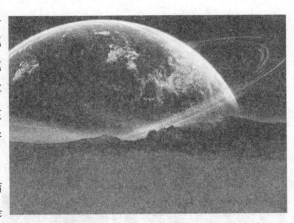

因为它们的光被星际尘埃云挡住了，也许超新星本身的光就比科学家所认为的暗。但是经过仔细检查，所有这些解释都被搁到了一边，暗能量的假说出现了。

其实，有关反引力的想法并不新鲜。早在 90 多年前，爱因斯坦就已经把这种反引力效应以所谓的宇宙常数的名义包括在他的广义相对论中了。当时，爱因斯坦为了不使星球由于相互间的吸引力而挤到一起，设想宇宙中应该还存在一种排斥力，它与引力相对抗，从而使宇宙保持稳定。他把这个排斥力称为宇宙常数。

20 世纪 20 年代，哈勃发现宇宙并非静止不动，而是在不断膨胀。爱因斯坦便放弃了他发明的这个宇宙常数，并称这是他"一生中最大的错误"。因为爱因斯坦本人和后来的许多天文学家都把这个宇宙常数只看做是数学上的假设，而不认为它和实际的宇宙有多少关系。直到 20 世纪 90 年代也没有人想到过这个效应会变成现实。

可现在暗能量的发现证明这个排斥力确实存在。看来，如果爱因斯坦还活着，也许他就会承认放弃宇宙常数是他一生中第二个最大的错误。

有关暗能量的探讨十分玄妙。有人认为暗能量是从宇宙真空中渗透出来的。

有实验表明，真空似乎并不是空无一物，而是一些虚粒子在时生时灭地冒泡泡。而另一些天体物理学家则说，暗能量只不过是宇宙的基本特征，试图解释它，就像解释为什么地球离太阳的距离刚好适合孕育生命一样徒劳。

宇宙的大小

宇宙究竟有多大呢？我们可以形象地来加以说明：我们先将太阳想象成一

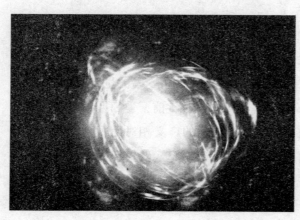

个南瓜，那么大约 2500 亿个南瓜堆成了银河系，而 1000 亿个以上这样的"南瓜堆"又分布在一个假想的"空心球"里。这个"空心球"就是宇宙的大小。而我们的地球在这个"空心球"里，不过像一颗小小的绿豆而已。宇宙是无限大的。这个代表宇宙的"空心球"，由数以亿计的粒子组成，其中每一个星系、每颗恒星和行星以及我们每一个人，就是由这一堆基本粒子组成。这个有限的宇宙是人类用哈勃望远镜看到的，它所观察到的最远星系距离我们有 150 亿光年（光年，天文学的一种距离单位，即光在真空中 1 年内走过的路程为 1 光年。光速每秒约 30 万千米，1 光年约等于 94 605 亿千米），这个距离以外的地方就全是未知数了。这就跟宇宙中的所有基本粒子能够数清一样，至少从理论上说，在一定的时间内我们能看见宇宙中的"最后一颗恒星"。但这并不意味着"最后一颗恒星"就是宇宙的尽头。

宇宙的边界

宇宙空间是有限无界的。我们的地球就是这样一个有限的空间，你在它的表面上无论朝哪个方向走，无论走多远，你都不可能找到它的"边界"；地球的体积是有限的，它的半径才 6000 多千米，所以最终你将回到出发点。爱因斯坦认为：在宇宙中无数巨大星系的巨大重力作用下，整个宇宙空间会发生弯曲，最终卷成一个球体，光线沿这个球面空间的运动轨迹也是弯曲的，并且永远到达不了宇宙的边界。

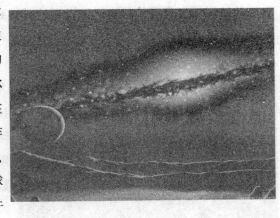

宇宙是否是全部

那么，宇宙之外又是什么呢？那是人类目前还无法回答的问题，只能请出"上帝"，或者说"上帝"本身就是答案。就连当今世界最杰出的"相对论"专家、剑桥大学的霍金教授也指出，追溯这类终极问题会使人感到，上帝存在的可能性至少有 50%。

其实你完全可以站在"上帝的角度"来观察这个"空心球"。你会发现它的体积并非固定不变，而是在不断膨胀的，就像一个被逐渐吹胀的气球一样。

11

对宇宙认识的变化

古时候就有了"宇宙"这个词，但其含义与今天的大不一样。人类对"宇宙"的认识从自身居住的附近地区到地球，到行星，到太阳，再到太阳系……宇宙的空间正随人们的认识而逐渐"变大"。

在18世纪的人们眼里，宇宙的大小还只局限于太阳系。随着科学技术的发展，人们逐渐认识到：地球不是太阳系的中心，太阳才是太阳系的中心，而太阳也只是天空中数以万计的恒星中的一颗。于是，人们心目中的"宇宙"开始逐渐扩展到了银河系。18世纪之后，人们才弄清了太阳也只不过是银河系中众多的恒星中的一颗而已。

银河系的直径约10万光年，厚度约1万光年，太阳绕银河系中心旋转一周约需2亿年。随着人们的认识范围逐渐扩大，人们心目中的"宇宙"已不再是银河系——人类已经认识到，在银河系以外，还有许多"河外星系"存在。这些"河外星系"离我们很远，即使通过大型的望远镜，也仅仅能看到一些模糊的光点。

十几个或几十个星系在一起组成了"星系群"。我们的银河系就同它周围的19个星系组成了一个"星系群"，这个星系群的直径大约为260万光年。

比"星系群"更高一级的星系组织是"星系团"，它由成百上千个星系组成。"室女星座"里有一个星系团，包含1000个以上的星系，其中心离我们大约7000光年。"后发星座"里，包含了2700个星系，距离我们大约2.4亿光年。而为数不详的"星系团"又构成了总星系。

宇宙的体积

通过了解人们认识宇宙的过程，我们已经可以初步地回答"宇宙有多大"

这个问题了。人们从自身居住的区域认识到地球，又从地球认识到太阳系，眼界扩大了成百上千倍；又从太阳系认识到银河系，眼界扩大了 1 亿倍；从银河系认识到总星系，眼界扩大了 10 000 亿倍……随着人们认识的不断深化，宇宙的体积也在不断扩大。几十年前，总星系的半径还只有 10 亿光

年，现在却已达到 100 亿光年……爱因斯坦曾经"计算"出宇宙的半径为 10 亿光年，后来他又修订了"计算结果"，认为宇宙的半径是 35 亿光年。事实证明，他所计算的宇宙大小的范围一次又一次地被突破了。

无限的宇宙

从天文学的角度上看，宇宙是有限的。宇宙的大小，实际上可以认为是总星系的大小，是一个以一定长度为半径的有限的时间和空间范围。总星系是目前天文学所能探测到的最远的世界。目前，人们对宇宙的认识只能局限于总星系。从哲学角度上来讲，宇宙不仅在空间上是无限的，在时间上也是无限的。时间上和空间上的无限，才使得宇宙能够成为一个统一的整体而存在。

目前，人类认为总星系的半径为700亿～800亿光年，也就是我们心目中宇宙的大小，但700亿～800亿光年以外，还可能有数不清的星系和星系团。总星系究竟有多大？它的边缘在哪里？它的中心又在何方？这些问题，人类何时能找到答案呢？

宇宙弦之谜

宇宙弦这一物理概念是1981年维伦金等人提出来的。他们认为，宇宙大爆炸所产生的威力应该形成无数细而长且能量高度集聚的管子，这种管子便叫做宇宙弦。大家知道，池水在冬季结冰时，起初，水面的液体是均匀的，随着气温的下降，小块小块的冰开始分散地长出来，但不同池区的冰晶不一定都有相同的取向，当冰块长大互相挤压时就会出现裂缝和断层等"缺陷"。同理，当宇宙从原始热大爆炸状态冷却下来，电磁——弱互相作用与强互相作用的对称性被破坏时，在结构上也会产生类似的裂隙。这种由基本粒子物理学的大统一理论所预言的缺陷有零维（点）、一维（线）和二维（面）三种：零维的是磁单极子，一维的便是宇宙弦，二维的叫做畴壁。本文只谈宇宙弦。

理论工作者赋予宇宙弦的性质是异乎寻常的。如果在房间里有一节这样的弦，是很难被发现的。它有点儿像蜘蛛丝，但远比原子细。你可以穿过它走路而绝不会发现它。但是，1厘米的宇宙弦比整座喜马拉雅山的质量还要大，直径细到 10^{-30} 厘米，但质量却高达每厘米 10^{22} 克。其次，质量是可变的，完全决定于其张力：拉得越长，绷得越紧，质量越大，它的强度也极大。

宇宙弦的活动与其邻近的天体、宇宙膨胀密切相关。起初，宇宙弦以接近于光的传播速度跟随宇宙一起膨胀，并具有各种复杂的形状和运动。但是，普遍膨胀使宇宙弦的弯曲部分被拉直并使振动慢下来。当宇宙弦振动时，产生互

相交和自相交现象，其结果形成了许多闭合的弦圈。大弦圈随宇宙继续膨胀而增大其"个头"，同时其形状更加平滑。较小的弦圈不停地振动，成为引力辐射的源泉。这就是理论家赋予宇宙弦的另一种奇特性质：要么伸展到无穷远处，要么形成闭合的无终点的环圈。

按照爱因斯坦广义相对论，在大质量宇宙弦附近将发生空间畸变，这对于光线的传播将产生一定的影响。来自运动着的宇宙弦后面的光线掠过弦旁时将被折射，产生光源的双重像，即所谓引力透镜效应；此外，从空间畸变处发出的电磁辐射其波长将发生蓝移现象，这一效应对宇宙背景辐射将会有察觉得出来的影响，但迄今未观测到辐射温度在"宇宙弦"的一边升高和在另一边降低的现象。

宇宙弦论的两位创始人泽尔多维奇和维伦金曾建议这些假设的、高度绷紧的细弦可能是从早期宇宙的气体中生长出星系的"种子"。但近来对这一问题有两种截然相反的建议：一种学说认为宇宙弦的强大的引力使在它们周围的物质聚集起来，从而开始了星系的形成。但更新的一种推测恰恰相反，认为从这些弦发出的电磁辐射在早期宇宙的物质中吹出了许多"泡泡"，并把这些原始物质压缩在泡与泡之间形成"薄饼"，而星系则是在这些泡壁间形成的。

近来，维伦金、韦顿等人又进一步提出关于超导宇宙弦的设想，他们猜测，在我们银河系中心可能存在着一个这样的小宇宙弦圈，并认为银河系中心的射电天图上所显示出来的细线可能就是证明，但尚需通过光学图像来定案。更有趣的是他们关于把超导宇宙弦作为类星体中心发电机的建议，这可与流行已久的大质量黑洞模型相比较。

从表面上看，宇宙弦论可以解释宇宙大尺度结构的一些观测事实：如星系沿空洞周围形成弦线式的环状分布，许多星系团呈扁长形，发现了几亿光年长

的超星系团和星系链等，但尚需精度更高的观测数据来加以验证。很多理论问题也需要继续探讨，如有关超导宇宙弦的电流耗散、与等离子体的作用、磁发电机效应等。可见，宇宙弦的本性尚是一个不解之谜，还要作深入的探讨和观测。

科学家追踪宇宙不明冷暗物质

一个由来自中国科学院高能物理研究所、清华大学、中国原子能研究院等9家单位近25名专家组成的合作小组已经成立，他们在我国开展一项目前世界天体与粒子物理及宇宙科学界高度重视的最热门课题研究：追踪一种可能是宇宙早期爆炸后遗留至今的弱作用重粒子——超对称粒子。曾任该项目合作组中方首席科学家、中国科学院高能物理研究所研究员戴长江说："一旦经过科学的重复证实这种弱作用重粒子确实存在，将极大地支持超对称粒子模型。不管最终结果如何，对这种新粒子的寻找对于粒子物理、天体物理及宇宙学的发展具有重大的科学意义。"

冷暗物质之谜

从原子物理到原子核物理，再到今天的粒子物理，物理学的日臻完善已经能够很好地解释许多诸如复杂的天体运动本质的自然现象。宇宙学模型认为，宇宙大爆炸后经历了超高能、高能、低能过程，对应的物理规律也符合大统一、弱电统一和量子色动力学，宇宙大爆炸及其演化所产生的粒子也遵循这些规律。然而，在宇宙中还可能存在着一些弱作用冷暗物质粒子，它们的形成及运动规律是现有粒子物理模型所不能解释的，于是科学家们又提出了超对称粒子物理

模型。现代天文观测和爆炸宇宙论的研究表明，宇宙中的物质绝大多数是暗物质，而暗物质中大多数是由冷暗物质粒子组成的非重子暗物质，现在普遍的看法认为，这种冷暗物质粒子在宇宙中的含量超过 20%。戴长江研究员介绍说，尽管目前实验室还不能对这种新物理模型假说提供有力的证据，但超对称粒子物理模型能很好地解释宇宙螺旋星系中星云旋转速度几乎不随星云盘径向的距离而改变以及在星系空间气体辐射的 X 线观测中发现的气体平均速度大于其逃逸速度。自 1985 年以来，宇宙中暗物质的研究已成为天体物理、粒子物理和宇宙学的交叉热点，其中对冷暗物质粒子——超对称粒子的观测研究是当今非加速器物理实验最热门的课题之一。

冷暗物质之争

美国、法国、日本等科技大国的物理学家正在夜以继日地观测研究宇宙冷暗物质，如西欧核子中心（LSC）正在建造一个大型超高能粒子加速器，以捕捉和观测宇宙中可能存在的超对称粒子。与此同时，一个目标相同但采取自然观测以降低实验成本的科研小组在经过了 600 天的观测后，已经得到了能够证实超对称粒子确实存在的初步证据，这个科研小组由意大利罗马大学牵头，中国科学院高能物理研究所由于在实验方法技巧、数据系统处理、电子插件研制等方面具有优势，1992 年在法籍华人陶嘉琳女士的促成下成为重要合作单位之一。

该科研小组研制了 100 千克放射性很低的碘化钠晶体阵列，用于在自然界

17

直接寻找相互作用极弱的超对称粒子。为了防止宇宙线的干扰，他们将实验设备安装在意大利格朗萨索国家实验室中，这个实验室位于岩层厚度达1000米的阿尔卑斯山脉下的一个山洞中，可以很好地屏蔽宇宙线。在对1996～1999年累计达600天的有效实验数据进行分析后，该实验小组获得了3个周期的年调制效应，显著性近4倍标准偏差，种种迹象表明，宇宙中可能存在超对称粒子。他们甚至还估计出了这种超对称粒子的质量和流强上限。

正如美国南卡罗来纳大学的物理学家弗兰克·阿维尼奥内所评说的："如果这一发现属实，无疑是具有诺贝尔奖水平的。"当意中科研小组对外公开他们的发现时，在科学界自然引起轩然大波。美国斯坦福大学的物理学家们对外宣称也进行了一项捕获宇宙中弱作用重粒子的实验，"但结果能与意中科研小组的研究成果相抵触"。在随后举行的第4届宇宙暗物质来源及探测国际研讨会上，意大利罗马大学的科学家代表驳斥了斯坦福大学的结论，认为"两项实验之间存在的实质性区别以及弱作用重粒子的未知属性可能意味着我们最终也许会发现两项实验的结果都是正确的"。

冷暗物质之梦

戴长江研究员这样描述这种未知的超对称粒子：质量至少是质子的50倍，由于和其他物质发生相互作用的概率很低，能够几乎不留痕迹地经过其他物质。他说："我们现在要和时间赛跑，和世界上众多的科研机构竞争，一旦证实宇宙中真的存在这种用常规方法观测不到的冷暗物质粒子，对爆炸宇宙学模型和超对称粒子物理模型将是一个强烈的支持，也就把我们对客观规律的认识大大向前推进了一步。"

由于这种冷暗物质粒子具有弱作用的特性，因此要在实验室里记录和捕捉它极其困难。戴长江研究员介绍说，目前，科学界一般用两种方法来探测它，一是间接法，采用地下大型的中微子探测器或空间磁谱仪等规模大、接收度高的设备，通过探测正反超对称粒子湮灭所产生的次级粒子来确认，但此法由于中间过程多，待定参数也多，较难获得准确的观测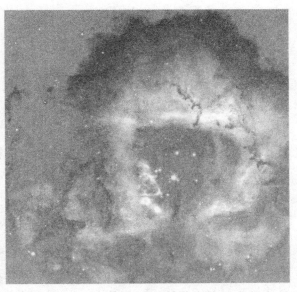结果；二是直接法，即直接探测超对称粒子经过实验晶体阵列时留下的极其微弱的作用，此法由于成功的概率很低，因此需要组建相当规模的高灵敏度的探测系统和开发相应的实验技术。

据了解，目前意中科研小组已将用于记录超对称粒子弱作用的碘化钠晶体阵列由 100 千克扩大为 250 千克，仍由两国合作继续日夜不停地观测。我国在国家自然科学基金的支持下，由戴长江研究员组织，也已成立了由来自中国科学院高能物理研究所、清华大学、中国原子能研究院等 9 家单位的 25 名专家组成的科研队伍，准备采取另一种 500 千克二氟化钙晶体阵列探测系统去进行观测鉴定，实验地点有可能选在北京航空博物馆或京郊某一大山洞中。

看来，这的确是值得期待的事情啊！

宇宙中的智慧生物探索

21 世纪的地球居民，并不是宇宙中唯一的智慧生物——这个说法能令人信服吗？

天文学家们估计，在望远镜所及的范围内，大约有 10^{20} 颗恒星，假设 1000 颗恒星当中有 1 颗恒星有行星，而 1000 颗行星当中有 1 颗行星具备生命所必需的条件，这样计算的结果，还剩下 10^{14} 颗。假设在这些星球中，有 1‰颗星球具有生命存在需要的大气层，那么还有 10^{11} 颗星球具备着生命存在的前提条件，这个数字仍是大得惊人。即使人们又假定其中只有 1‰已经产生生命，那么也有 1 亿颗行星存在着生命。如果我们进一步假设，在 100 颗这样的行星中只有 1 颗真正能够容许生命存在，仍将有 100 万颗有生命的行星……

毫无疑问，和地球类似的行星是存在的，有类似的混合大气，有类似的引力，有类似的植物，甚至可能有类似的动物。然而，其他的行星非要有类似地球的条件才能维持生命吗？

实际上，生命只能在类似地球的行星上存在和发展的假设是站不住脚的。以往，人们认为被放射物污染的水中是不会有任何微生物的，但是实际上有几种细菌可以在核反应堆周围的足以让多种微生物致死的水中存活。

有两位科学家把一种蠓在 100℃的高温下烤了几个小时后，马上放进液氮中（液氮的温度低得和太空中一样）。经过强辐照后，他们把这些试验品再放回到正常的生活环境中。这些昆虫又恢复了活力，并且繁殖出了完全"健康"的后代。

这无非举出了极端的例子。也许我们的后代将会在宇宙中发现连做梦也没有想到过的各种生命，发现我们在宇宙中不是唯一的，也不是历史最悠久的智慧生物。

地球外的茫茫宇宙中，究竟有没有生命？究竟有没有类似地球人甚至更文明的高级外星人？随着空间科学技术的不断发展，这个富有神话色彩的猜测，**越来越激励着人们去探索。**瑞这个亘古未解之谜，目前众说纷纭，莫衷一是。**日本著名的宇航学教授**佐贯亦男与地外生命学专家大岛太郎，发表了有关地外生命的对话，论点新颖，妙趣横生。

科学家能够提出地球外有生命，甚至推测存在着比我们更聪明的外星人，是很了不起的。因为有些人会用地球上生命形成与存在的传统理论来衡量外星球，忘却了他们之间在地理条件和自然环境上的不同。

科学家希柯勒教授在实验室里创造了一种与地球环境截然不同的木星环境，在这样的环境条件下成功地培养了细菌与螨类，从而证明生命并不是地球的"专利品"。我们地球上的所有生物也不是按照同一个模式生活的。氧是生物进行新陈代谢的重要条件，但是有一种厌氧细菌，就不需要氧，有了一定的氧反而会中毒死亡。高温可以消毒，会使生命死亡，但海底有一种栖息在140℃条件下的细菌，温度不高反而会死亡。据估计，地球上不遵守生命理论而存在的生物有好几千种，只是我们没有全部发现而已。

有些人妄断地球的环境是完美无缺的，什么只有一个大气压，温度、湿度正常……这些目标是地球人自定的。事实上，地球上的各种生命不一定都生活在"自由王国"之中，它们必须受到各种限制。我们不应该以地球上生命存在的条件去硬套外星球，各个星球有自己的具体条件。如果表面温度为15～-150℃的火星上存在着火星人，他们也许会认为在地球这种温度条件下根本无法存在地球人。

于是，在生理理论的研究领域中，行星生物学应运而生了。它主要研究地

外各种行星的自然条件是否存在适宜于这些环境条件的生物，地球生物是否可以移居到地外星上去，以及发现行星生物的新方法。因为生物往往具有一种隐蔽的本能，即使存在也不一定能轻易被发现。例如，地球空间中存在着许多微生物，但又有谁能用眼睛去发现它们呢？目前，对火星、金星、木星等的探查工作刚刚开始，断言这些星球上不存在任何生命，似乎为时过早。

随着人类对自然认识的深化及当代科学技术的飞速发展，人们提出在地球以外的星体上存在生命甚至高级文明社会的问题不足为怪。科学家们被好奇心所驱使，极力想探索出个究竟来，于是在 20 多年前就产生了寻找"地外文明"的科学探讨方向。

在地球以外广大的宇宙中是否有智慧生命的问题上，科学家们分成了两大派。一派说，既然我们人类居住的地球是个最普通的行星，那么有智慧的生命就应当广泛地存在和传播于宇宙中。另一派却说，尽管生命可能在宇宙中广为存在和传播，但能使单细胞有机体转变成人的进化过程所需的特定环境出现的可能性是极小的，因此在地球外存在的智慧生命就不大可能了。就科学的发展来看，这样的争论是正常的、有益的，而且会推动对"地外文明"的探索。

外星人的传闻日益增多，不管男女老幼，对此都很感兴趣。除了我们地球的人类之外，其他天体上到底有无类似人的生命？这个问题已成为当代科学的第一大谜。

宇宙收缩抑或膨胀之谜

宇宙是什么？应该怎样解释宇宙。《汉语词典》上对宇宙的解释是这样的："四方上下为宇，古往今来为宙。"简单来说，宇宙就是空间和时间的总称。

宇宙是怎样演化的呢？

中国古代有盘古开天辟地的传说，西方对宇宙来源的解释是依据《圣经》上的记载："一代消逝了，另外一代降临了，但地球是永恒的……过去是什么，将来还是什么；过去被做成什么样，将来还是什么样，世界上没有任何新的东西。"这种思

想在西方比较普遍。连伟大的物理学家爱因斯坦都深受此思想的影响。爱因斯坦在发表广义相对论之后，与他同一时期的荷兰物理学家德西特把它应用到了宇宙上。研究结果表明，根据相对论理论，宇宙是动荡不止的，要么膨胀，要么收缩。为此，爱因斯坦修改了自己的理论，使"宇宙重新静止下来"。这是科学史上的一个失误，后来爱因斯坦曾遗憾地说："这是我一生中犯下的不可饶恕的错误。"

这之后，俄国的科学家对爱因斯坦的理论作了某些修正，他们的计算结果表明，宇宙可能周期性地处于收缩和膨胀之中，它也可能无限制地膨胀下去。

接着，美国天文学家哈勃利用大倍率的天文望远镜发现宇宙确实是膨胀着的。

美国天文学家斯莱弗（1875～1969 年）通过仪器也探测到我们太空中多数星系中显示着明显的"红移"现象。这意味着它们是背向地球运动的。由于每一颗恒星都向外发出光波，如果恒星朝着我们运动，它的光被恒星或星系的原子吸收的地方会出现黑色的线条，因而看上去显得比较蓝。随着这颗恒星离开我们越来越远，这些线条就会始终向着红光的方向偏移，从视觉上看它发出的光会变红，这就是天文学家所说的"红移"现象。越遥远的星系的发光具有越大的红移，表明这个星系离开地球的速度就越快。

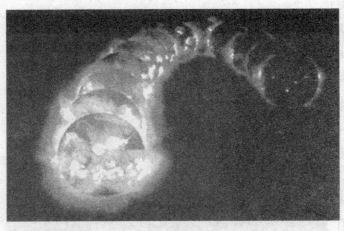

据科学家考察，最遥远的星系正以每秒几千米的速度向外运动。

那么，宇宙会不会永久地膨胀下去呢？这种膨胀是由什么引起的？为此人们进行了大量的观测与研究。

根据最新的观测资料，科学家发现，宇宙的膨胀速度正在渐趋减小。那么这又是由什么原因引起的呢？这种膨胀速度会不会最终停止下来，而导致宇宙开始收缩，并回归宇宙大爆炸之初的状态呢？或者在经历强烈的收缩之后，产生一次新的大爆炸，产生一个新的宇宙呢？

当然，要使宇宙终止膨胀，就需要一定量的引力。能否达到这个量，取决于宇宙物质的平均密度能否达到一个量，这个量就是临界密度。但是，如果宇宙存在大量的"暗物质"，那么它的平均密度就难测定了。

宇宙年龄的测定也是宇宙膨胀与否的一个指标，但宇宙年龄的测定难度也很大。

宇宙究竟是继续膨胀着，还是将要收缩呢？在我们现在的宇宙产生之前，是否就曾有过这样膨胀、收缩的循环过程呢？目前还没有足够的理论来说明这个问题。

宇宙膨胀的速度降低了吗

美国加利福尼亚劳伦斯·贝克雷实验室的索尔·波姆特领导的一个研究小组以及澳大利亚蒙特斯特罗姆气象台的布莱恩·斯奇米德特领导的另外一个研究小组近日同时指出，宇宙的扩张正在日益加剧，其动力来源于某种不明力量。这一结论推翻了此前有关自大爆炸以来宇宙扩张的速度已变得越来越缓慢的传统理论。

研究人员称，目前宇宙里不同星系之间的距离较之此前人们想象的要远得多，以前被人们广为接受的理论，即宇宙扩张速度正在渐渐趋缓已开始受到越来越多天文学家的质疑。

上述美国研究小组的成员之一、美国卡纳吉气象台的温迪·弗里曼表示："有关不同星系间距离越来越远的现象将对天文学研究产生深远的影响，如果这一结论是正确的，那么它将对我们更好地理解有关宇宙到底是什么样以及它是如何发展到现在等问题具有革命性意义。"

上述研究结果认为，宇宙将永久性地扩张下去，其间，不同星系之间的距离将越来越远，直到每个星系都变成无限空间中的一座孤岛。此外，上述研究

25

结果还对所谓的宇宙膨胀理论起到了支持作用，该理论认为宇宙在大爆炸之后极短的时间内（可能只有一秒钟的几分之一）经历了巨大的变化，呈显著扩张之势。

澳大利亚研究小组的成员之一亚历山大·菲利普科表示："宇宙扩张的速度非常快，某种力量在最初一段时间一直对宇宙的扩张起推动作用，后来这种力量渐渐消失，但宇宙却仍然继续扩张，这种过程已经持续了数十亿年。因此，我们认为宇宙还将继续扩张下去，即使速度没有大爆炸之后那么快，也不会呈日益减缓的趋势。"

宇宙深处的秘密——星云

当我们提到宇宙空间时，我们往往会想到那里是一无所有的、黑暗寂静的真空。其实，这不完全对。恒星之间广阔无垠的空间也许是寂静的，但远不是真正的"真空"，而是存在着各种各样的物质。这些物质包括星际气体、尘埃和粒子流等，人们把它们叫做"星际物质"。

星际物质与天体的演化有着密切的联系。观测证实，星际气体主要由氢和氦两种元素构成，这跟恒星的成分是一样的。人们甚至猜想，恒星是由星际气体"凝结"而成的。星际尘埃是一些很小的固态物质，成分包括碳化合物、氧化物等。

星际物质在宇宙空间的分布并不均匀。在引力作用下，某些地方的气体和尘埃可能相互吸引而密集起来，形成云雾状。人们形象地把它们叫做"星云"。按照形态，银河系中的星云可以分为弥漫星云、行星状星云等几种。

弥漫星云正如它的名称一样，没有明显的边界，常常呈不规则形状。它们的直径在几十光年左右，密度平均为每立方厘米 10～100 个原子（事实上这比实验室里得到的真空要低得多）。它们主要分布在银道面（HOTKEY）附近。比较著名的弥漫星云有猎户座大星云、马头星云等。

行星状星云的样子有点像吐的烟圈，中心是空的，而且往往有一颗很亮的恒星。恒星不断向外抛射物质，形成星云。可见，行星状星云是恒星晚年演化的结果。比较著名的有宝瓶座耳轮状星云和天琴座环状星云。

这些星云是宇宙中的重要组成部分，我们研究天体的时候，可千万不要忽略了它们的存在啊。

宇宙起源之一——大爆炸说

宇宙有没有起源？如果有，它来自哪里呢？

早在 1927 年，比利时天文学家勒梅特就指出，宇宙在早期应该处于非常稠密的状态。1932 年，勒梅特进一步提出，宇宙起源于被称为"原始火球"的爆炸。

1948 年，美国科学家伽莫夫、阿尔弗、赫尔曼提出了"热大爆炸宇宙学"，伽莫夫等人建立这一理论的最初目的是为了说明宇宙中元素的起源，因此他们将宇宙膨胀和元素形成相互联系起来，提出了元素的大爆炸形成理论。

按照这一理论，宇宙大爆炸初期生成的氦丰度为 30%，而由恒星内部核合成的氦丰度仅为 3% ~ 5%，其余的氦丰度只能来自宇宙大爆炸的核合成，从而证实了大爆炸宇宙学的科学性。

该理论认为，宇宙膨胀是按"绝热"的方式进行的，宇宙是从热到冷逐渐演变的。

在宇宙形成的早期，辐射和物质的密度都很高，光子经过很短的路程就会被物质吸收或散射，然后物质再发射出光子，辐射和物质频繁地相互作用。当宇宙温度下降到大约 3000K 时，质子与电子便结合成氢原子，对辐射的连续吸收大大减少，物质跟辐射之间的相互作用已经微乎其微了，宇宙对辐射变得透明，光子可以在空间自由地穿行。宇宙的热辐射主要是可见光和红外线。

时至今日，宇宙膨胀带来的迁移，使温度为 3000K 的宇宙辐射的最大强度移到微波波段，称为宇宙微波背景辐射。阿尔弗等人计算出与微波背景辐射相对应的温度为 5K 左右。

1965 年，美国科学家彭齐亚斯和威尔逊在 7.35 厘米的波长上接收到了来自各方向的宇宙的微波噪声，噪声的信号强度等效于温度为 3.5K 的黑体辐射。

微波背景辐射的发现，有力地支持了热爆炸宇宙模型。因此，大爆炸宇宙学得到了大多数科学家的认同。

宇宙相对论是什么

爱因斯坦创立的理论，主要内容是依据一个变换与两个公设。一个变换是洛伦兹变换（不同惯性系之间的变换必须是 Lorentz 变换）。两个公设是相对性原理（就是物理定律在一切惯性系中都相同）与光速不变原理（光在真空中总有确定速度，与观察者或光源的运动无关）。

从而有四个推论（运动的尺变短，运动的钟变慢，光子的静质量为

零，物质不可能超过光速）和三个关系式（速度合成公式，质量速度公式，质能关系式）。

广义相对论：爱因斯坦创立的理论，广义相对论解释了引力作用和加速度作用没有差别的原因，还解释了引力是如何和时空弯曲联系起来的。利用数学，爱因斯坦指出物体使周围空间、时间弯曲，在物体具有很大的相对质量（例如一颗恒星）时，这种弯曲可使从它旁边经过的任何其他事物，即使是光线，改变路径。广义相对论指出，时空曲率将产生引力。当光线经过一些大质量的天体时，它的路线是弯曲的，这源于它沿着大质量物体所形成的时空曲率。因为黑洞是极大的质量的浓缩，它周围的时空非常弯曲，即使是光线也无法逃逸。广义相对论是狭义相对论的进一步发展，它建立了对一切参考系皆取相同形式的物理定律，且将引力同时空的几何性质联系起来，从而将物质、引力场和时空结合为一体，是一种发展了的引力理论。

简单地说，一个是速度与时空，一个是质量与时空。

暗能量的力量

暗能量是一种不可见的、能推动宇宙运动的能量，宇宙中所有的恒星和行星的运动皆是由暗能量的斥力和万有引力来推动的。之所以暗能量具有如此大的力量，是因为它在宇宙的结构中约占73%，占绝对统治地位。暗能量是近年宇宙学研究的一个里程碑性的重大成果。支持暗能量的主要证据有两个，一是对遥远的超新星所进行的大量观测表明，宇宙在加速膨胀。按照爱因斯坦引力场方程和加速膨胀现象推论出宇宙中存在着压强为负的"暗能量"。另一个证据来自于近年对微波背景辐射的研究精确地测量出宇宙中物质的总密度。至今科学家知道所有的普通物质与暗物质加起来大约只占其1/3左右，所以仍有约2/3的短缺。

这一短缺的物质称为暗能量，其基本特征是具有负压，在宇宙空间中几乎均匀分布或完全不结团。最近WMAP数据显示，暗能量在宇宙中占总物质的73%。值得注意的是，对于通常的能量（辐射）、重子和冷暗物质，压强都是非负的，所以必定存在着一种未知的负压物质主导当今的宇宙。

宇宙是几维空间

　　神秘的宇宙和人类的经验世界如此不同，我们所能感受的三维世界也许只是宇宙中多维空间的一个小岛。东京大学上演了一场爆棚演讲。主讲人哈佛大学理论物理学教授丽萨·兰道尔的到场，让所有听众激动起来——不仅因为她的美貌，更因为她给人们呈现了一个超乎想象的多维世界。

第五维空间在哪里

　　哈佛大学理论物理学教授丽萨·兰道尔，是理论物理学界的佼佼者。1999年，她和同事拉曼·桑卓姆发表了轰动一时的两篇论文，至今，这两篇论

文的引用率在理论物理学界仍排名第一。根据论文建立的模型，她假设了宇宙中存在着超越我们所处的四维（长、宽、高组成的三维空间+时间）时空之外的第五维或更多维的宇宙空间。这一理论也恰好解释了，困扰科学界多年的引力相比其他3个基本力羸弱不堪的原因。

　　科学家发现，宇宙基本由4种力相互作用而成。它们是引力、电磁力、强力和弱力。引力源于物体质量的相互吸引，两个有质量的物体间存在引力；电磁力是由粒子的电荷产生的，一个粒子可以带正电荷，或者带负电荷，同性电

荷相斥，异性电荷相吸；强力主要是把夸克结合在一起的力；弱力的作用是改变粒子而不对粒子产生推和拉的效应，像核聚变和核裂变这两个过程都是受弱力支配的（注：人们普遍认为，物质是由分子构成的，分子是由原子构

成的，原子由电子、质子、中子等基本粒子组成，而基本粒子则由更基本的亚粒子组成。这种亚粒子也就是人们常说的"夸克"）。

令人不可思议的是，这4种基本力的相对强度以及作用范围都有巨大区别。从相对强度上来说，假定以电磁力为一个单位强度，则强力要比这个单位大100倍，弱力只有这个单位的1/1000，引力小到几乎可以忽略不计，在微观世界中，它只有电磁力的$1/10^{40}$！从范围上看，引力主要体现在宏观世界，其他3种基本力主要在微观世界起作用。

也许你并不觉得引力微不足道，至少当我们从高处坠落时，那可不是闹着玩的。但是同电磁力比起来，它的确相当"虚弱"，比如，整个地球产生的引力作用在一根针上，只不过是让它在桌子上安静地躺着，我们拿起一小块磁铁便能将它轻松吸起。奇特的是，引力在宇宙中却能左右巨大星系的运转。

对此，兰道尔的理论模型给出了解释："我们假设引力存在于与我们所处的

三维时空不同的另一张膜上，而引力膜和我们所在的膜之间，被第五维空间或更多维空间隔开。其他 3 种基本力被限制在我们的膜上，而引力则在宇宙中均匀分布。对我们这样的三维空间来说，它的强大力量从宇宙中多维空间中'泄漏'出来后被大大弱化了。"

若果真如此，那么五维或多维空间究竟在哪儿？它们又如何不同于我们的三维空间世界？

为什么会有多维空间

事实上，是否存在多维空间的猜想，早在 1920 年就被爱因斯坦的"粉丝"德国数学家卡鲁扎提出过，后来经过瑞典理论物理学家克莱茵的改进，成为"第五维度"的思想，并被后人统称为卡鲁扎·克莱恩理论（或 KK 理论）。遗憾的是，这个理论最终未能自圆其说，只能不了了之。

后来，相对论和量子理论——这两大现代物理理论基石相继诞生，有趣的是，二者之间不能通用且充满矛盾。

爱因斯坦的广义相对论是关于引力的理论，他认为空间是有形状的，当没有任何物质或能量存在时，空间是平直光滑的，当一个大质量物体进入空间后，平直的空间就发生了弯曲凹陷。这就像在一条绷紧的床单上放一个保龄球，床单马上就凹陷下去，而所谓的引力就是通过这样的空间弯曲而体现的。为什么地球会绕着太阳运行？因为地球滚入了太阳周边弯曲空间的一道"沟谷"。而如果物体质量太小，空间弯曲几乎为零，也就感受不到引力的作用。因此，人和人之间，甚至建筑物等普通物体之间的引力作用可以忽略不计。

但相对论的空间几何形状变化，解释不了其他 3 种基本力——电磁力、强力和弱力的作用原理。在微观世界里，空间根本就不是平滑的，无数的粒子在永不停息地剧烈运动，可见，广义相对论的平滑空间前提在这里讲不通。

而量子理论却能解释这 3 种力的行为：量子理论认为，宇宙中所有的物质最终由数百种不同的基本粒子组成，而力则是由粒子的交换而来的。但粒子交换也不能解释引力现象，因为在微观世界里，粒子的自身质量不仅小到几乎没有，还总在杂乱无章地运动，它们之间的引力又从何谈起呢？相对论和量子理论的尖锐矛盾，使科学家不得不另辟蹊径。20 世纪 60 年代，一个崭新的理论——超弦理论出现了。超弦理论认为，在每一个基本粒子内部，都有一根细细的线在振动，这根细细的线被科学家形象地称为"弦"。依照弦理论，每种基本

粒子所表现的性质都源自它内部弦的不同振动模式，弦的振动越剧烈，粒子的能量就越大；振动越轻柔，粒子的能量就越小。振动较剧烈的粒子质量较大，振动较轻柔的粒子质量较小。而所有的弦都是绝对相同的。不同的基本粒子实

际上在相同的弦上弹奏着不同的"音调"。由无数这样振动着的弦组成的宇宙，就像一支伟大的交响曲。不过，弦的运动是十分复杂的，以至于三维空间已经无法容纳它的运动模式。

在今天的超弦理论中，科学家已经计算出十维空间结构（还有些方法甚至计算出了二十六维）。而空间的维数越高，越能容纳更多的运动形式。由此，宇宙的时空维数是高维的，三维空间仅仅是一种最简单的情形。

三维以上的空间是隐匿的

如果真有十维空间，我们为什么只能察觉到三个维度呢？除了时间维度之外，另外六个又在哪里？

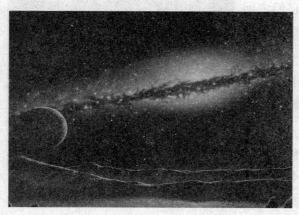

一些科学家认为：计算出来的空间维度不一定和经验维度相同。或许另外六个维度的空间以某种方式隐匿起来，人在日常生活中难以察觉。记得获得 1979 年诺贝尔物理学奖的美国物理学家格拉肖曾抱怨过："我总是被那些搞超弦理论的人打扰，因为他们从不谈一些和真实世界有关的事。"对这个问题，兰道尔倒是泰然处之，她最近提出了一个"放松原则"：想太多不如什么都不想！"看看我们的宇宙，它一路走来，始终如一。当宇宙处于大爆炸前的初始状态时，存在多少维度都有可能。大爆炸发生后，宇宙在不断地膨胀，它会自然而然地、随时充填需要的维度，直到稳定下来。"根据兰道尔的计算，在宇宙膨胀过程中，三维和七维的宇宙处于相对稳定的状态。因此，"宇宙在演化过程中，自然会呈现出稳定的三维和七维形式。三维空间存在的范围是最大的，这也就是为什么我们只能察觉到今天这个三维空间构成的世界。"

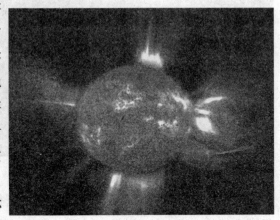

当然，"如果这还满足不了你的好奇心，你也可以把多维宇宙想象成一次买房的经历。当你选择房子的时候，你不仅会看房子的空间大小，还要看它的结构、质量、地理位置、升值潜力等各种因素，这些因素就好比宇宙的其他空间形式。"

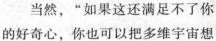

宇宙的中心在何处

太阳是太阳系的中心，太阳系中行星都绕着太阳旋转；银河系也有中心，那么宇宙有中心吗？有没有一个让所有的星系包围在中间的中心点？

这样的中心似乎应该存在，但事实上它并不存在。我们也许可以通过气球膨胀的过程来推断解释它。

我们可以假设宇宙是一个正在膨胀的气球，而星系是气球表面上的点，我们就住在这些点上。我们还可以假设星系不会离开气球的表面，只能沿着表面

移动而不能进入气球内部或向外运动。从某种意义上说，我们把自己描述成为一个二维空间的人。

如果宇宙不断膨胀，也就是说气球的表面不断地向外膨胀，那么表面上的每个点彼此间会离得越来越远。其中，某一点上的某个人将会看到其他所有的点都在退行，而且离得越远的点退行速度越快。

现在，假设我们要寻找气球表面上点退行的地方，那么我们就会发现它已经不在气球表面上的二维空间内了。气球的膨胀实际上是从内部的中心开始的，

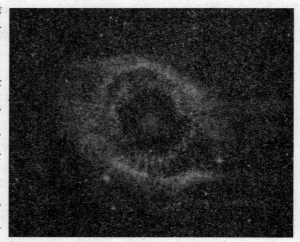

是在三维空间内的，而我们是在二维空间内，所以我们不可能探测到三维空间内的事物。

同样的，宇宙的膨胀不是在三维空间开始的，而我们只能在宇宙的三维空间内运动。宇宙开始膨胀的地方是在过去的某个时间，即亿万年以前，虽然我们可以看到，可以获得相关的消息，却无法回到那个时候。所以，宇宙的中心事实上是不存在的。

宇宙中有没有反物质

你知道什么是反物质吗？你想知道宇宙中有没有反物质吗？今天就将带你走进宇宙，揭开宇宙反物质之谜。

首先要明确物质和反物质是相对立的概念，大家都知道原子是构成化学元素的最小粒子，它由原子核和电子组成。原子的中心是原子核，原子核由质子和中子组成，电子围绕原子核有规律地旋转。原子核里质子带的是正电荷，电子带的是负电荷。从两者的质量看，质子是电子的1840倍，这使得原子核内部形成了强烈的不对称性。因此，20世纪初曾有一些科学家对此提出质疑，二者相差那么悬殊，会不会存在另外一种粒子呢？它们的电量相等而极性相反，比如，一个与质子质量相等的

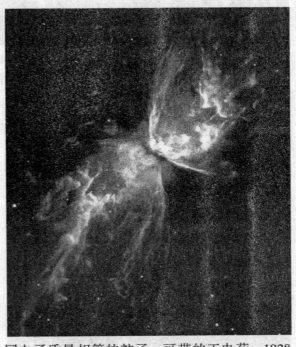

粒子，可带的是负电荷，另一个同电子质量相等的粒子，可带的正电荷。1928年，著名的英国青年物理学家狄拉克从理论上提出了带正电荷"电子"的可能性。这种粒子，除电荷同电子相反外，其他都与电子相同。1932年，美国物理学家安德逊经过反复实验，把狄拉克的预言变成了现实。他把一束 γ 射线变成

了一对粒子，其中一个是电子，而另一个是同电子质量相同的粒子，带的就是正电荷。1955 年，美国物理学家西格雷等人在高能质子同步加速器中，用人工方法获得了反质子，它的质量同质子相等，却带负电荷。1978 年 8 月，欧洲一些物理学家又成功地分离并储存了 300 个反质子。1979 年，美国新墨西哥州立大学的科学家把一个有 60 层楼高的巨大氦气球，放到离地面 35 千米的高空，飞行了 8 个小时，一共捕获了 28 个反质子。从此，人们知道了每种粒子都有与之相对应的反粒子。

于是有人认为，宇宙是由等量的物质和反物质构成的。

那么，宇宙中到底存不存在着反物质呢？又是否存在着一个反物质世界呢？按照对称宇宙学的观点，回答是肯定的。这一学派认为，我们所看到的全部河外星系（包括银河系在内），原本不过是个庞大而又稀薄的气体云，由等离子体构成，等离子体包括粒子和反粒子。当气体云在万有引力作用下开始收缩时，粒子和反粒子接触的机会就多了起来便产生了湮灭效应，同时释放出大的能量，收缩的气体云开始不断膨胀。这就是说，等离子气体云的膨胀，是由正、反粒子的湮灭引起的。

　　按照这种说法推论，在宇宙中的某个神秘的地方，必定存在着反物质世界。如果反物质世界真实存在的话，那么，它只有不与物质会合才能存在。可物质和反物质怎样才能不会合呢？为什么宇宙中的反物质会这么少呢？我们的疑点很多，想要弄清楚谜底究竟是什么，就必须通过人类不懈的努力去探索和研究，只有这样才能寻找出最终的答案！让我们拭目以待。

宇宙中的"黑马"

　　1961 年，在巴黎天文观测台工作的法国学者雅克·瓦莱发现了一颗运行方向与其他卫星相反的"怪异"的地球卫星，这颗来历不明的卫星就被命名为"黑色骑士"。紧接着，世界上的许多天文学家按瓦莱提供的精确数据，也发现了这颗环绕地球逆向旋转的独特卫星。

　　法国著名学者亚历山

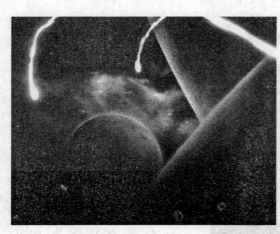

大·洛吉尔认为，"黑色骑士"可以用与众不同的方式绕地球运行，表明它具有能够改变重力的巨大影响力，而这只有作为外星来客的UFO（不明飞行物体）才能做到。他推断这颗被称作"黑色骑士"的奇特卫星可能与UFO有联系。

1983年1—11月，美国发射的一颗红外天文卫星在北部天空执行任务时，在猎户座方向两次发现一个神秘莫测的天体。两次观测这个天体时隔6个月，这表明它在空中有相当稳定的轨道。

根据苏联的卫星和地面站的跟踪显示，这颗卫星体积异常巨大，具有钻石般美丽的外形，而且外围有强磁场保护；内部装有十分先进的探测仪器。它似乎有能力扫描和分析地球上每一样东西，包括所有生物在内。它同时还装有强大的发报设备，可将搜集到的资料传送到遥远的外空中去。真是一个高深莫测的"家伙"！

1989年，在瑞士日内瓦召开的一次记者招待会上，苏联的宇航专家莫斯·耶诺华博士向媒体公开了此事。他强调说："这颗卫星是

1989 年底出现在我们地球轨道上的。经过仔细地分析核实表明，它肯定不是来自我们这个地球的。"他郑重表示，苏联将会"出动火箭去调查，希望能把事情查个水落石出。"

此事被披露后，至今世界上已有 200 多位科学家表示愿意协助美苏去研究这颗可能是来自外太空某一个星球的人造天体。法国天文学家佐治·米拉博士说："显而易见，这颗卫星'长途跋涉'才来到地球，它的设计也是这样，虽然只是初步估算，但我敢说它制成后至少有 5 万年之久！"

运行在地球轨道上的不仅有完好的外星人造卫星，而且有爆炸后存留的外星太空船残骸，苏联科学家在20世纪60年代初期，首次发现一个离地球达 2000 千米的特殊太空残骸。经多年刻苦研究后，他们才确信那是由于内部爆炸而变成 10 块碎片的外星太空船的残骸，并向报界宣布了这个消息，引起了世界上的极大关注。

莫斯科大学的著名天体物

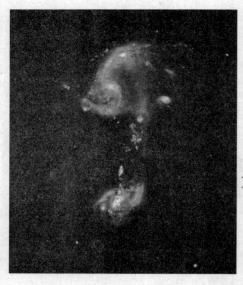

理学家玻希克教授说，他们使用精密的电脑追踪这 10 片残骸的轨道，发现它们原先是一个整体，据推算它们最早是在同一天——1955 年 12 月 18 日——从一个相同的地点分离出来的，显然这是一次强烈的爆炸导致的。

世界顶级的苏联天体物理研究者克萨耶夫说："其中两个最大片的残骸直径约有 30 米，人们可以假定这艘太空船至少长 60 米，宽 30 米；从残骸上看，它外面有一定数目的小型圆顶，装设望远镜、碟形无线以供通信之用。此外，它还有舷窗供探视使用，其内部设备非常先进。"这位研究者补充说："太空船的体积显示出它有好几层，大概有 5 层。"

另一位苏联物理学家埃兹赫查也强调说："我们多年搜集到的所有证据表明，那是因机件故障而爆炸的太空船"。他还说："在太空船上极有可能还存在着外星乘员的遗骸。"

　　苏联科学家的发现已使美国同行产生了非常浓厚的兴趣。美国核物理学家与宇航专家斯丹顿·费德曼说："如果我们到太空去收集这些残骸，相信我们有能力把它们拼合起来。"

　　无边神秘的宇宙，给我们带来了太多的猜想，制造了种种的"谜团"。直到科技发达的 21 世纪来到，我们的科学家依然不知道这 5 万年前被发射升空的人造卫星究竟是从何而来的，它幕后的主谋又是谁，它来这儿的目的到底又是什么。

旋转中的宇宙

　　地球一刻不停地自转，使人类生活在昼夜交替的景色之中。宇宙间的物体很少有不旋转的，自转着的地球和所有它的自转着的姊妹行星都绕着自转着的太阳运行，而太阳又和数千亿颗自转着的恒星一道绕着银河中心旋转，组成我们的银河系。银河系的旋涡结构与奶油倒进一杯咖啡里形成的旋涡花样很相似。奶油的分子是由电子、质子和中子这样一些不停地旋转着的粒子组成的。而目前已知的宇宙中最小的和最大的物体；夸克和超星

系团，也都在一刻不停地转动着。宇宙在旋转吗？如果它真的在旋转将产生哪些后果呢？设想在正方形的四角各有一个星系，若忽略星系间的引力相互作用，则它们将随着宇宙的膨胀而相互退行。在单纯膨胀的宇宙模式中，这个正方形仅仅是随着时间变大而已。在较为复杂的情形下，正方形切变

为增大的平行四边形。但若宇宙在旋转，则星系将沿着螺线形轨道相互退行。1982 年，法国天文学家保罗·伯奇在研究 130 多个河外双射电源的观测数据时，发现这些源所在空间磁场矢量的方位角与各相应射电源主轴的方位角之差，在一半天空为正值，而在另一半天空为负值。伯奇认为这是由于这些天体相对于星系际介质作旋转，而旋转轴与宇宙旋转的轴相重合的结果。他还计算出，宇宙旋转的角速度大约为每年 2×10^{-8} 角秒！

目前，宇宙学家和粒子物理学家公认的暴胀宇宙模型能够解释宇宙学中长期存在的一些谜：如在宇观尺度上宇宙是均匀的和各向同性的，宇宙的密度接近于使其停止膨胀所需的临界密度，等等。1983 年，欧洲核子研究中心的伊里斯和奥立夫从理论上探讨了在早期宇宙中宇宙旋转对暴胀模型的影响。从观测到的 2.7K 微波背景辐射的均匀性（温度起伏在

万分之一）可计算得：今天，宇宙作为一整体，其旋转速度不能大于每年 $4×10^{-11}$ 角秒，比上述伯奇的计算结果小 3 个数量级。至于宇宙为什么转得这样慢，伊里斯和奥立夫统一认为这是宇宙暴胀的自然后果。即使极早期宇宙旋转得很快，经过暴胀阶段它便急剧地减慢。因为，在暴胀阶段宇宙的体积增大了 10 多倍而其角动量却保持不变，犹如冰上舞蹈家张开双臂时其旋转速度自然减慢的情形一样。

与此同时，英国剑桥天文研究院的费乃伊和韦伯斯特对伯奇处理观测数据的统计分析方法进行了检验。他们发现，伯奇所取射电源样本的延线（主轴）取向和其在天空的位置之间在扭转的意义上没有不对称的明证。他们还认为，伯奇发现的其他不对称性，包括来自这些射电源的射电波的偏振方向的不对称性，可能是由于在对视线方向星际介质的影响做校正时的系统误差所致。

但剑桥大学的统计学家肯德尔对新获得的一些河外射电源的观测数据用他们自己发展的统计分析方法处理，所得结果却表明宇宙旋转现象是存在的。

1984 年，加拿大多伦多大学的宓坦霍尔茨及克隆贝尔格对 277 个河外射电源的数据用适当的统计方法重复伯奇的分析，未获得大尺度各向异性或宇宙旋转的明证。同年，美国苏塞克斯大学的巴罗、索鲁达和波兰天文学家居斯凯维

茨利用对 2.7K 微波背景辐射均匀性的最新测定值，从理论上探讨了对宇宙旋转角度的限值。他们的计算结果是：如果宇宙是开放的，也就是说如果宇宙永远膨胀下去，其旋转不能快于每年约 10^{-9} 角秒。这一结论立即排除了伯奇效应的任何宇宙旋转的解释，对于其他宇宙模型，限值更为严格。

由此可见，宇宙是否在旋转涉及观测精度，处理数据所用的统计分析方法及宇宙模型等一系列问题，短期内还下不了结论。

第二章
宇宙中的各种天体

从远古时代开始，人类的祖先就已经开始关注宇宙，他们怀着敬畏的心情眺望星空，在心里构造各种合乎清理的假设。随着现代天体物理学和物理学的发展，越来越多的未知天体被发现。如今，人类凭借不懈的努力正在逐渐揭开星空的奥秘。

曾经的宇宙假说——星云说

最成功的太阳系理论是从 18 世纪的星云假说开端的。1796 年，法国数学家拉普拉斯认为，有一个庞大的原始高温的气态星云在空间里缓慢地转动，它的体积比现在的太阳系大好几倍。在逐渐冷却的过程中，星云的体积减小，密度加大，导致转动加快，离心力随之增加。这个过程就好像冰上舞蹈演员在旋转时双手上举，身体的转动越来越快

的情景。离心力的增加使星云变成了扁平的盘状。当边缘物质的离心力大于中心的吸引力时，就会从边缘自外而内分出一个个圆环来。

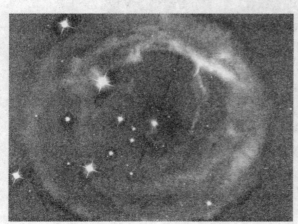

每一个环里的物质并不均匀，大的凝团吸引小的尘埃，如同滚雪球一样越聚越多，逐渐发展成行星。而围绕着行星又重复着同样的过程，从而形成了卫星。星云假说成功地解释了行星的运行及其轨道的规律，密度的不一致现象等，所以在产生后的一个多世纪里为

50

人们广泛接受。

　　但是假说产生的年代对宇宙的探索还很不深入，因此对太阳系产生的描述过于简化。特别是后来人们又发现了一些太阳系运转的规律，例如有些卫星的逆行和角动量分配不平均等问题。角动量是指物体的角速度与旋转半径的乘积，当没有外力作用时，物体的角动量是守恒的。前面我们举的旋

转的冰上舞蹈演员的例子就是角动量守恒的，在她旋转开始时，双臂张开，旋转速度不是很快；但当她将双臂收拢，她便转动得快了。而在太阳系中，太阳的质量虽然远远超过行星们质量的总和，太阳的角动量居然只有全太阳系的 2%，也就是说，位于中心的是旋转极慢的庞大的太阳，在离中心很远的地方旋转着角动量很大的诸行星。按照星云假说预测，太阳的自转周期应该在 12 小时左右，然而观察的结果却是 26 天。显然太阳的角动量太小了，

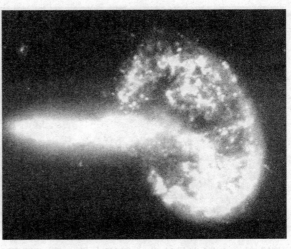

星云假说无法解释这个现象。20 世纪 60 年代，英国天文学家霍伊尔和法国天文学家沙兹曼开始拯救星云假说，他们提出，物体的角动量可以通过带电粒子在磁场中运动的方式来转移给其他物体。他们认为，原始太阳演化早期，存在很强的磁场，热核反应使太阳发出电磁辐射，使周围圆盘状的气体电离，产生的带电粒子将太阳的角动量大量地转移给外围的圆盘气体，使之角动量增加而

向外扩展。太阳由于不断地失去角动量而转速越来越慢。这种说法使星云假说重新赢得了支持者。

有许许多多的各种各样的天体悬浮在宇宙之中，它们不规则却又很有规律地运行着，组成宇宙空间色彩斑斓又富有神奇的万象。看看无数前人和今天的科学家们的探索成就吧，你会发现，美好的地方可不仅仅是我们生活的地球呢！

恒星的演化

恒星的两个重要特征就是温度和绝对星等。大约100年前，丹麦的艾基纳和美国的诺里斯各自绘制了查找温度和亮度之间是否有关系的图，这张关系图被称为赫—罗图，或者H-R图。在H-R图中，大部分恒星构成了一个在天文学上称作主星序的对角线区域。在主星序中，恒星的绝对星等增加时，其表面温度也随之增加。90%以上的恒星都属于

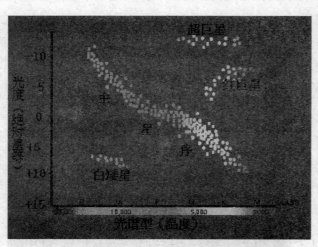

主星序，太阳也是这些主星序中的一颗。巨星和超巨星处在H-R图的右侧较高较远的位置上。白矮星的表面温度虽然高，但亮度不大。

恒星演化是一个恒星在其生命期内（发光与发热期间）的连续变化。生命期则依照星体大小而有所不同。单一恒星的演化并没有办法完整观察，因为这些过程可能过于缓慢以至于难以察觉。因此天文学家利用观察许多处于不同生

命阶段的恒星，并以计算机模型模拟恒星的演变。

天文学家赫茨普龙和哲学家罗素首先提出恒星分类与颜色和光度间的关系，建立了被称为"赫—罗图"的恒星演化关系，揭示了恒星演化的秘密。"赫—罗图"中，从左上方的高温和强光度区到右下的低温和弱光区是一个狭窄的恒星密集区，我们的太阳也在其中；这一序列被称为主星序，90%以上的恒星都集中于主星序内。在主星序区之上是巨星和超巨星区，左下为白矮星区。

色彩斑斓的恒星

天上的星星，除了有明有暗以外，颜色也各不相同，有的泛红，有的泛黄，有的泛白，有的泛蓝。大多数恒星的颜色，要用专门仪器来测定，肉眼很难分清楚。但是，有些亮星的颜色是容易看出来的。比如，天狼星和织女星是白色的，离我们最近的一颗恒星南门二是黄色的。猎户星座有七颗亮星，其中六颗是蓝白色的，还有一颗星叫参宿四，是红色的。天蝎星座中最亮的一颗星叫心宿二，颜色很红，像火星那样，所以又有个名字叫大火。为什么恒星会有各种不同的颜色呢？在炼钢炉里，钢水是蓝白色的。

出炉之后，钢水的温度慢慢降了下来，颜色也逐渐变黄、变红，最后凝成黑色

的钢锭。钢水颜色由浅变深的这个过程，也就是温度由高变低的过程。同样的道理，恒星有不同的颜色，也是因为他们的表面温度不同。红色星的温度是最低的，只有2600～3600℃，黄色星是5000～6000℃，白色星有7700～11 500℃，蓝色星温度最高，有25 000～40 000℃。我们的太阳是颗黄色星，这种情况可非常要紧。假如太阳是颗红色星，整个地球就都会像南北极那样一年到头冰雪覆盖。假如太阳是颗蓝色星呢？地球上的一切东西就会被烤焦，在这两种情况下，人类恐怕都无法生活。钢水颜色的变化是那样明显，那样快，恒星的颜色是不是也会变化呢？正是这样，恒星并不是恒定不变的，它们同人的出生、长大、衰老、死亡一样，也有从产生到灭亡的演化过程。所以，不光是颜色变，其他各方面的特征也都会变。但是，恒星的一生是很长很长的。以太阳来说，它的寿命大概有一百多亿年。这样恒星的颜色变化非常缓慢。不要说在一个人的一生中，就是在人类有文字记载的几千年历史上，也很难发现这种变化。不过，我们很幸运，能够知道有一颗星，即参宿四，它的颜色确实变化了。有什么证据呢？这得感谢我们的祖先——中华民族的勤劳智慧的前辈。我国古代把恒星的颜色分为五种，就是白、红、黄、苍（就是青色）和黑（就是暗红色）。每种颜色都选定了一颗星作标准。把别的恒星拿来跟这五颗标准星比较，就能定出它们的颜色来。选作黄色标准的星，就是参宿四。我国古代一部很有名的历史书《史记》上对这些都记载得很清楚。《史记》是在两千多年前写的，这说明那时的参宿四颜色是黄的。可是，我们今天看到这颗星的颜色却明明是红的。这就证明，两千年中，它的颜色确实变了，由黄色变成了红色。参宿四这颗星的质量很大，大约是太阳的20倍。科学家们按照现代的恒星演化理论算出来，这么大的恒星从黄色阶段变到红色阶段，正好要两千年左右的时间。这跟我们祖先的观察记录很符合。

红巨星的形成

　　恒星开始核反应后在反抗引力的持久斗争中，其主要武器就是核能。它的核心就是一颗大核弹，那里在不断地爆炸。正是因为这种核动力能自我调节得几乎精确地与引力平衡，恒星才能在长达数十亿年的时间里保持稳定。

　　热核反应发生在极高温度的原子核之间，因而涉及物质的基本结构。在太阳这样的恒星中心，温度达到 1500 万 K，压强则为地球大气压的 3000 亿倍。在这样的条件下，不仅原子失去了所有电子而只剩下核，而且原子核的运动速度非常快，以至于能够克服电排斥力而结合起来，这就是核聚变。

恒星是在氢分子云的中心产生的，主要由氢组成。氢是最简单的化学元素，它的原子核就是一个带正电荷的质子，还有一个带负电荷的电子。恒星内部的温度高到使所有电子都与质子分离，而质子就像气体中的分子在所有方向上运动。由于同种电荷互相排斥，质子就被一种电"盔甲"保护着，从而与其他质子保持距离。但是，在年轻恒星核心的1500万K的高温下，质子运动得非常快，以至于当它们相互碰撞时就能够冲破"盔甲"而黏合在一起，而不是像橡皮球那样再弹开。

四个质子聚合，就成为一个氦核。氦是宇宙中第二位最丰富的元素。氦核的质量小于它赖以形成的四个质子质量之和。这个质量差只是总质量的千分之七，但是这一点质量损失转化成了巨大的能量。像太阳那样的恒星有一个巨大的核，在那里每秒钟有6亿吨氢变成氦。巨大的核能量朝向恒星外部猛烈冲击就能阻止引力收缩。

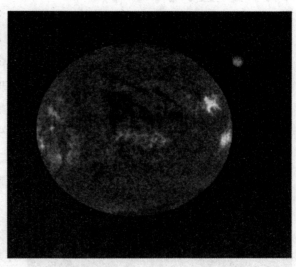

然而，"恒定"的演化历程终将结束，当所有的氢都变成了氦时，核心的火就没有足够的燃料来维持，恒星在主序阶段的平静日子就到了尽头，大动荡的时期来到了。

一旦燃料用光，热核反应的速率立即剧减，引力与辐射压之间的平衡被打破了，引力占据了上风。有着氦核和氢外壳的恒星，在自身的重力下开始收缩，压强、密度和温度都随之升高，于是恒星外层尚未动用过的氢开始燃烧，产生的结果是外壳开始膨胀，而核心在收缩。在大约1亿摄氏度的高温下，恒星核心的氦原子核聚变成为碳原子核。每3个氦核聚变成1个碳核，碳核再捕获另外的氦核而形成氧核。这些新反应的速度与缓慢的氢聚变完全不同。它们像闪电一样快地突然起爆（氦闪耀），而使恒星不得不尽可能地相应调整自己的结构。经历约100万年后，核能量的外流渐趋稳定。此后的几亿年里，恒星处于暂时的平稳，核区的氦在渐渐消耗，氢的燃烧越来越向更外层推进。但是，调整是要付出代价的，这时的恒星将膨胀得极大，以使自己的结构适应于光度的增大。它的体积将增大10亿倍。这个过程中恒星的颜色会改变，因为其外层与高温的核心区相距很远，温度就低了下来。这种状态的恒星称为红巨星。

白矮星的由来

白矮星是中低质量的恒星的演化路线的终点。在红巨星阶段的末期，恒星的中心会因为温度、压力不足或者核聚变达到铁阶段而停止产生能量（产生比铁还重的元素不能产生能量，而需要吸收能量）。恒星外壳的重力会压缩恒星产生一个高密度的天体。

一个典型的稳定独立白矮星具有大约半个太阳质量，比地球略大。这种密度仅次于中子星和夸克星。如果白矮星的质量超过1.4倍太阳质量，那么原子核之间的电荷斥力不足以对抗重力，电子会被压入原子核而形成中子星。

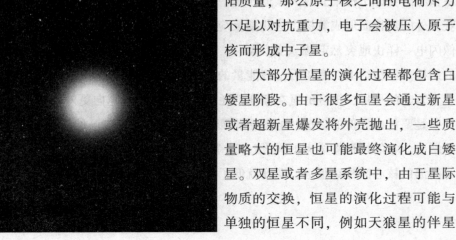

大部分恒星的演化过程都包含白矮星阶段。由于很多恒星会通过新星或者超新星爆发将外壳抛出，一些质量略大的恒星也可能最终演化成白矮星。双星或者多星系统中，由于星际物质的交换，恒星的演化过程可能与单独的恒星不同，例如天狼星的伴星就是一颗年老的大约一个太阳质量的白矮星，但是天狼星是一颗大约 2.3 个太阳质量的主序星。

中子星的发现

脉冲星是 20 世纪 60 年代四大天文发现之一（其他三个是类星体、星际有机分子、宇宙 3K 微波辐射）。因为它不停地发出无线电脉冲，而且两个脉冲之间的间隔（脉冲周期）十分稳定，准确度可以与原子钟媲美。各种脉冲星的周期不同，长的可达 4.3 秒，短的只有 0.3 秒。

脉冲星就是快速自转的中子星。中子星很小，一般半径只有几千米到十几千米，为太阳的 1.35 倍到 2.1 倍（据爱因斯坦的广义相对论，可以达到这个水平），是一种密度比白矮星还高的超密度恒星。

中子星的前身一般是一颗质量比太阳大的恒星。它在爆发坍缩过程中产生的巨大压力，使它的物质结构发生巨大的变化。在这种情况下，不仅原子的外壳被压破了，而且连原子核也被压破了。原子核中的质子和中子便被挤出来，质子和电子挤到一起又结合成中子。最后，所有的中子挤在一起，

形成了中子星。显然，中子星的密度，即使是由原子核所组成的白矮星也无法和它相比。在中子星上，每立方厘米物质足足有 10 亿吨重。

中子星的质量极大，一个中子化的火柴盒大小的物质，需要96 000个火车头才能拉动！所以中子星的质量是不可忽视的。

中子星的能量辐射是太阳的100万倍。按照目前世界上的用电情况，它在1秒钟内辐射的总能量若全部转化为电能，就够我们地球用上几十亿年。

中子星并不是恒星的最终状态，它还要进一步演化。由于它温度很高，能量消耗也很快，因此，它的寿命只有几亿年。当它的能量消耗完以后，中子星将变成不发光的黑矮星。

脉冲星的特征

1968年有人提出脉冲星是快速旋转的中子星。中子星具有强磁场，运动的带电粒子发出同步辐射，形成与中子星一起转动的射电波束。由于中子星的自转轴和磁轴一般并不重合，每当射电波束扫过地球时，就接收到一个脉冲。

恒星在演化末期，缺乏继续燃烧所需要的核反应原料，内部辐射压降低，由于其自身的引力作用逐渐坍缩。质量不够大（约数倍太阳质量）的恒星坍缩后依靠电子简并压力与引力相抗衡，成为白矮星，而在质量比这还大的恒星里面，电子被压入原子核，形成中子，这时候恒星依靠中子的简并压力与引力保持平衡，这就是中子星，典型中子星的半径只有几千米到十几千米，质量却为1.35~2.1倍太阳质量，因此其密度可以达到每立方厘米上亿吨。由于恒星在坍缩的时候角动量守恒，坍缩成半径很小的中子星后自转速度往往非常快。又因为恒星磁场的磁轴与自转轴通常不平行，有的磁轴与自转轴的夹角甚至达到90°，而电磁波只能从磁极的位置发射出来，形成圆锥形的辐射区。

此为在持脉冲星便是中子星的证据中，其中一个便是我们在蟹状星云（M1；原天关客星，SN 1054）确实也发现了一个周期约0.033S的波霎。

脉冲星靠消耗自转能而弥补辐射出去的能量，因而自转速度会逐渐放慢。但是这种变慢非常缓慢，以至于信号周期的精确度能够超过原子钟。而从脉冲星的周期就可以推测出其年龄的大小，周期越短的脉冲星越年轻。

脉冲星的特征除高速自转外，还具有极强的磁场，电子从磁极射出，辐射具有很强的方向性。由于脉冲星的自转轴和它的磁轴不重合，在自转中，当辐射向着观测者时，观测者就接收到了脉冲。到1999年，已发现1000颗脉冲星。

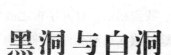

黑洞与白洞

黑洞就像宇宙中的一个无底深渊，物质一旦掉进去，就再也逃不出来。根据我们熟悉的"矛盾"的观点，科学家们大胆地猜想到：宇宙中会不会也同时存在一种物质只出不进的"泉"呢？并给它取了个与黑洞相反的名字，叫"白洞"。

科学家们猜想：白洞也有一个与黑洞类似的封闭的边界，但与黑洞不同的是，白洞内部的物质和各种辐射只能经边界向

边界外部运动，而白洞外部的物质和辐射却不能进入其内部。形象地说，白洞好像一个不断向外喷射物质和能量的源泉，它向外界提供物质和能量，却不吸收外部的物质和能量。

到目前为止，白洞还仅仅是科学家的猜想，还没有观察到任何能表明白洞可能存在的证据。在理论研究上也还没有重大突破。不过，最新的研究可能会得出一个令人兴奋的结论，即"白洞"很可能就是"黑洞"本身！也就是说黑洞在这一端吸收物质，而在另一端则喷射物质，就像一个巨大的时空隧道。

科学家们最近证明了黑洞其实有可能向外发射能量。而根据现代物理理论，能量和质量是可以互相转化的。这就从理论上预言了"黑洞、白洞一体化"的可能。

要彻底弄清楚黑洞和白洞的奥秘，现在还为时过早。但是，科学家们每前进一点，所取得的成绩都让人激动不已。我们相信，打开宇宙之谜大门的钥匙就藏在黑洞和白洞神秘的身后。

彗星内"脏"

　　20世纪哈雷彗星回归了两次，第一次是1910年5月，哈雷彗星庞大的尾巴在地球逗留了好几个小时，亮度如同火星，让人大饱眼福。第二次，1985—1986年，这次回归让人不免有些遗憾，其场面大不如前一次。直到1986年三四月份，人们才在南半球上空重又见到哈雷彗星。

　　这两次回归，使哈雷彗星风靡全球，变成了家喻户晓的"明星"。中国著名天文学家张钰哲回忆："哈雷彗星1910年回归时，我是8岁学童，彗星横扫天际的奇景，深深打动了我。这个最初的印象对于我以后转学天文并从事小行星的观测研究起到了重要的作用。"

　　1986年，天文学家终于认识到，彗星实际上是一个由石块、尘埃、甲烷、氨所组成的冰块，我们把这个冰块称为彗核。彗核形状酷似一个长马铃薯，呈深黑色，就像一个"脏雪球"。如果在彗星上作"环星旅行"，大约半天就走完了，远离太阳时，人们在地球上是无法辨认的。而当这个"脏雪球"飞向太阳的时候，太阳的加热，使彗星表面冰蒸发升华成气体，与尘粒子一起围绕彗核成为云雾状的彗发和彗核，合称彗头。彗核又使阳光散射，便形成星云般发淡光的彗尾。这时，彗头直径有几十万千米，彗尾长达好几千万千米，变得好似庞然大物，但其质量却非常小，仅有地球质量的十亿分之一。

天体撞击之谜

　　早在20世纪70年代，美国天文学家借助安装在智利的天文望远镜研究确认，当宇宙中发生并非罕见的宇宙悲剧——巨大星系相撞时，会导致这些相撞星系形状上的变化，还会破坏新恒星的诞生过程。美国天文学家基于大量观测认为，新诞生的一大批恒星比整个宇宙要年轻得多，但是当初很少有人相信这一点。

　　1997年10月底，美国天文学家们借助修复后的"哈勃"太空望远镜拍摄了一张发生最大宇宙悲剧的照片——触角星云中的两个大星系相撞，发生这一宇宙悲剧的地方距离我们6300万光年。"哈勃"在瞬间拍下这一星系撞击的宇宙悲剧的同时，又在这"一瞬"的宇宙尺度内拍下1000多个新诞生的恒星群。这些细微宇宙照片使天文学家们大为震惊，他们通过目睹这一星系大撞击的宇宙奇观才如梦方醒，原来，星系之间并非相互隔绝，也并非静止不动，恰恰相反，它们相互撞击，融为一体并贪婪地"吞噬"着它们的"近邻"，与此同时，爆发出强烈的闪光并突然冒出火光，改变着自己的形状。这一震惊科学界的新发现，从根本上改变了天文学家的传统思维和对宇宙演化的旧有观念，这有助于我们对真正宇宙史的理解和认识，从而解开了历代各民族和天文学家留下的关于宇宙奥秘困惑不解的谜团。

我们人是从哪里来的？主宰自己的路又通向何方？我们生命的真谛是什么？

　　1994年7月的"彗木之吻"使天文学家们目睹了一场天文体大撞击的宇宙奇观和悲剧后果。然而，这不过是在太阳系范围的一次普通天体撞击现象。倘若两个对面飞驰而来的星系相撞，或彼此"擦肩而过"，那便是天体力学上一个惊人的宇宙过程，要从头至尾观测完这一过程需花费几亿年时间，即便几十代天文学家的辛勤努力也恐难胜任这一天文观测。

　　为了全面揭示和研究星系相撞会导致什么样的悲剧性后果，日本天文学家曾借助计算机和数学模拟系统，用了几小时的时间就完成了通常需要几亿年时间才能完成的一项星系碰撞模拟实验。

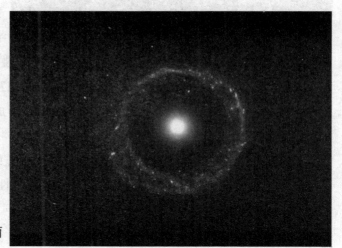

　　在实验现场显示出两个相撞后相互作用的星系之间出现的遥远异地的宇宙奇观，在对撞的两个星系之间出现光桥、光尾、"纽带"状和圆盘状星系的扭曲变形等现象。但模拟计算并不能对相互作用星系的某些特性作出解释，比如：两个星系相撞时的颜色为什么往往跟单个星系的颜色截然不同？两个星系较高的 X 线亮度与什么有关？归根结底的问题是为什么在数学模拟实验时总是不出现环状星系。这一点早已引起天文学家的关注。

　　须知，星系的外形和颜色首先取决于那些年轻、明亮和连成一大片的恒星。

这些恒星诞生不久，它们分布在频繁诞生恒星的宇宙区域中。这就是说，要观测到两个星系碰撞时相互作用的结果，首先必须仔细洞察星际气体的未来状况，成为年轻恒星的"建筑材料"。

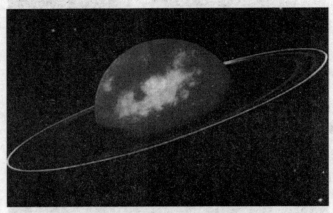

根据数学模拟实验表明，在两个星系飞速接近时，这两个星系的气体云中的次星系并非像圆盘状星系中的次星系那样牵制着自己。这时，恒星就会在两个相互接近的星系之间形成"纽带"，或形成被强力展开的螺旋状分支物，气体云会形成环状结构，其半径小于恒星圆面的半径。邻近星系的影响会破坏气体云沿圆形轨道匀速运动，它们之间相互碰撞强化了恒星的诞生过程。几亿年后，星系掠过最近点后，星系间引力的相互作用促进了恒星的形成过程，从而使恒星形成的强烈度达到极点，其恒星形成的速度是孤立星系中恒星形成正常速度的 10 倍。

大批年轻的恒星由于 2 个星系的相互作用，明显变换着自己的颜色，它们的颜色变得更加蔚蓝，而其余恒星则是致密的相对论性天体——中子星和黑洞，它们成双结对地栖身于众多的普通恒星中并伴之同行，进而变成强 X 线源，它们还能明显强化这一区域中星系的亮度。

星团和星云

　　星团中的恒星紧密地挨在一起，但是并非"亲密无间"，它们之间弥漫着星云。星团是由 10 个以上的恒星组成且被各成员星间的引力束缚在一起的恒星群。许多较亮的星团用肉眼或小型望远镜看起来就是一个模糊的亮点。星团可以分为球状星团和疏散星团两种，疏散星团即银河星团。而星云则是恒星系内一切非恒星的气体尘埃云。星云中的物质都是由气体和尘埃微粒组成的，不同的是星云中的气体和尘埃含量略有不同。历史上，曾因观测工具的限制，把星云和河外星系混为一谈。

星云的演变

一般认为行星状星云是由激发它的中心星抛射出来的，将会逐渐消失；新星和超新星爆发所抛出的云也在很快地膨胀而逐渐消失。它们都是恒星演化过程中的产物，也是恒星逐渐变为星际物质的过程。一些发射星云内部含若干热星，它们常常组合成聚星、银河星团或星协（如 O 星协）。这些星云和年轻恒星一起分布在银河系旋臂中。因此天文学界认为，这些星云中的热星群可能是不久前才从这些星云中诞生的。

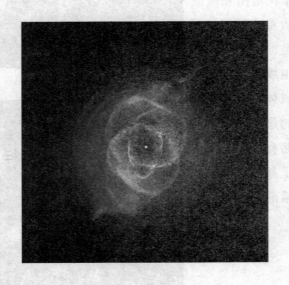

天体的"自行"

人们肉眼可以看到的星星6000多颗。这些星星可以分为两类：一种是行星，也就是太阳系的八大行星。古人观测天空，只看到离我们最近的水星、金星、火星、木星、土星，古人发现这五颗星的位置总在变化，这说明它们在天上不停地走来走去（这种"走动"，按现在的说法就是行星的"公转"），因此称它们为"行"星。而对于另一类星，它们在天上的位置看上去总是固定不变（当然，这必须排除地球自转、公转造成的星星们看上去的"变动"），所以称它们为"恒"星。

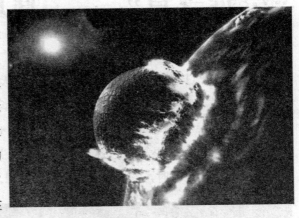

随着科学的发展，人们逐渐认识到宇宙中的运动是绝对的，而"静止"永远是相对现象。大量观测表明，恒星并不是固定不变的，它们也在运动。

天文学上称之为恒星的"自行"。其实，恒星的运动如果与视线平行，我们是

看不出来的。所以，自行的真正定义应该是恒星运动垂直于视线的分量。

恒星自行的绝对速度并不慢，往往比行星的运动速度快得多，只不过除太阳外的恒星离我们都太遥远了，它们跑得再快，从地球上看去也跟静止差不多。但经过上万年之后，恒星的位置变化就会较为明显。

"灾难之星"——彗星

彗星俗称"扫帚星"，历来被迷信的人们认为是"灾难之星"。它往往会在不期之间突然"横空出世"，拖着一条别致的长尾巴，在夜空悠然而过（有时可能有两条尾巴，即"双尾彗星"，让一些疑心重重的人更觉"灾难深重"）。但在现代天文学家眼里，它与人间是非完全无关，只不过是宇宙里一个孤独的"流浪汉"。甚至有时，它会引发人们奇思妙想，也会让喜欢它的人诗兴大发。

在古人观念中，天上的星宿和地上的人类是息息相关的。彗星因为"相貌"奇特，所以它的出现才会引起猜疑乃至恐惧。在中国古代，人们除了叫它扫帚星（形似扫帚），还称之为"蚩尤"（喷火的龙）"妖星""灾星"等。古代西方人觉得它像"匕首""长枪"或"宝剑"，实属"不祥之物"。人们常常将它看成是瘟疫、战争、灾害降临的征兆，于是出现了许多相关的迷信和恐怖传说。如公元前44年3月15日，古罗马恺撒被暗杀；9 月 23 日，罗马市民为恺撒举行追悼仪式，突然天空中出现一颗大彗星，持续了 7 天之后才离去。人们认为这是恺撒显灵，预示更加残酷的内战。

到了近代，天文学已经能够比较准确地预报一些彗星的回归时，迷信仍然大有市场。哈雷彗星是第一颗被准确预言回归的彗星。英国天文学家哈雷计算出，它每隔大约 76 年会按时回归地球一次。但 1835 年哈雷彗星如期

回归时，有人把它同世界许多地方出现的自然灾害联系起来。如在日本发生了"天保大饥荒"（德川幕府时代最大的饥荒），有 20 万~30 万人被饿死，饥馑还引起了全国性的大暴乱。其实这简直是嫁祸于"人"。把 1910 年哈雷彗星的再次回归，同日本明治时代东京发生的最大的水灾胡乱联系，也是一例。在欧洲，人祸胜于天灾的情形更加明显。当天文学家宣布 1910 年 5 月 19 日哈雷彗星的回归时，欧洲一些国家出现了恐慌。人们居然相信彗星是有毒的，如果它扫过地球上空，人就会被毒死。一些神父们乘机蛊惑人心，宣扬"世界末日"来临，要求人们赶紧祈求上帝宽恕。可笑的是，有人竟然因恐惧自杀。可结果如何呢？它对地球和人类没有丝毫破坏，人们只是虚惊了一场。

彗星在冤屈之中度过了漫长的岁月。随着实践和知识的发展，今天人们不再以恐惧的眼光来看待它。那么，彗星的真实面目究竟是如何呢？

古代人们描绘的彗星形态是奇形怪状的，但这些描绘都不是彗星的真实形态。随着科学技术的发展，有了照相技术和宇宙飞船、人造卫星等探测设备，我们对彗星有了更加正确的认识。

彗星是太阳系中一种云雾状的小天体，一般包含彗核、彗发、彗尾三部分。中央比较明亮的是彗核，彗核周围是云雾状的彗发。随着与太阳之间距离的不

同，彗星的形状也在不断地变化。只有当它接近太阳的时候，彗星才在很短的时间内"长"出尾巴。彗尾一般总是朝着背离太阳的方向延伸，这一点，中国古代的科学家就已经认识到了。所谓"夕现则东指，晨现则西指"，就是对彗尾的描述。

16世纪德国天文学家开普勒形象地打了一个比喻："彗星在天空里就像鱼在大海里那样多。"这也许有些夸张，但科学家们已经观测到成百上千颗彗星，只是我们用肉眼不能看到那么多罢了。因为并不是所有的彗星都会具有彗核、彗发、彗尾等结构。有许多彗星被称为"望远镜彗星"，也就是只能用望远镜才能看得到它们。这些小彗星大多数是没有彗尾的，有的连彗发也很小。它们一直保持为云雾状，再加上彗星绕太阳转一圈的时间往往很长，而且彗星出现的时候，常在早晨或傍晚，这时黎明的曙光或落日的余晖，使原本就不亮的彗星更不易被人"发现"了。

彗星的轨道也不是单一的，它不像行星轨道那样近似圆形。彗星的轨道一般都是拉得又扁又长的椭圆形。这种彗星称为周期彗星。像大家熟知的哈雷彗星，它的轨道就是椭圆形的。还有非周期彗星，它们的轨道是抛物线形或双曲线形。这种彗星对于我们来说只是一个"过路客"，匆匆绕太阳转个弯，就一去不复返了。由于彗星运行轨道不稳定，当它运行经过大行星附近的时候，很容易受大行星的引力影响，改变彗星运动的速度和方向，使得彗星的轨道形状发生变化。这可能会使本来绕太阳一圈需要200年以上的长周期彗星，变为绕太阳一圈只需200年以下的短周期彗星；也可以使短周期彗星变为非周期彗星。正是因为彗星轨道的这些特点，人们才形象地把彗星称为太阳系的"流浪汉"。

1986年回归的哈雷彗星和1994年撞击木星的"苏梅克—列维9号"彗星，

虽然曾两次轰动了世界，但能够亲眼见到到彗星身影的人却很少。1996 年 3 月，北京出现了"百武彗星"观测热，众多天文爱好者有幸目睹了这颗彗星的风采。百武彗星是由日本的一位天文爱好者百武裕司发现的。由于这颗彗星比较亮，特别是在 3 月 25 日前后的几天

内，它在天穹上运行的轨道经过北极星附近，因此地球上北半球的人们整夜都可以看到。更使人感到吃惊的是，百武彗星竟是一颗离地球很近的彗星。

在近 300 年的彗星记录上，距离地球由近及远，它排行第 19 位，这就可以让天文学家在近处仔细观察它的真面貌了。天文学家对百武彗星的轨道进行了计算，发现它是一颗周期 9 年左右的彗星。但百武彗星是否第一次向太阳回归呢？我们还不能断定。1996 年 5 月以后，世人的目光随着百武彗星的离

去而转向了另一颗彗星——"海尔–波普"彗星。1995 年 7 月 23 日傍晚，两位美国业余天文爱好者海尔和波普分别用小型天文望远镜发现了一个模糊的雾状天体。后来证实，他们看到的是同一颗很大的彗星，因此国际天文联合会将这颗彗星命名为"海尔—波普"彗星。天文学家们都将望远镜对准了它，在观测中证实了这颗彗星移动很慢，说明它离我们非常遥远。

天文学家初步估算出"海尔—波普"彗星处于木星轨道之外，它的亮度也在逐步上升；到 1996 年 3 月，它已经亮到利用普通双筒望远镜就能观测到的程

度，而这年的7月底8月初，人们用肉眼就能直接看到这个天体了。由于"海尔—波普"彗星的明亮和奇特，全世界的天文学家都很关注它。天文学家们推算出这颗彗星的周期大约3000年，但至今并没有对它的记载。看来，这次回归将是人类历史上有记载的第一次了。

也许有人会担心，有朝一日，某颗彗星会像"苏梅克—列维9号"彗星撞击木星那样，与我们的地球相撞，这样一来，地球不也会翻江倒海吗？其实，这是不必要的担心。广漠宇宙空间里，彗星同地球相遇的机会很小。即使相撞，那"粉身碎骨"的也必定是彗星了。因为彗星的体积尽管如此庞大，但它的质量却小得出奇，密度自然也很小，只有空气密度的十亿亿分之一，比真空还要稀薄。这种看得见的"虚空"，又怎能与地球一比高低呢？

彗星本身并不神秘。但是它是什么时候、在什么地方、从什么物质、经过怎样的过程形成的，却是引人入胜的问题，也是没有揭开的谜。关于彗星的起源问题，众说纷纭。其中比较著名的是"原云假说"，是由荷兰天文学家奥尔特提出的。他认为在太阳系边缘地区，存在着一个原始彗星的"仓库"——原云。当彗星受到其他恒星的作用力而脱离原云，进入太阳系内层的时候，就成为我们看到的彗星了。也有人认为，彗星是由小行星的相互碰撞的碎片形成的。还有人认为，可能是由行星爆炸抛出的物质形成的。

对彗星起源的假说还有很多，但都不完整。这些谜还有待于今后进一步探测才能找到答案。

彗星从哪里来

彗星是宇宙天体中的"流浪汉"，它不是每年每天都能见到的天体，彗星分周期彗星和非周期彗星两种，即使是周期彗星的周期也不一定遵循周期，有的几年回归一次，有的几十年回归一次，有的上百年甚至上千年回归一次。还有的非周期彗星是一去不复返。周期彗星的运行轨迹多是椭圆形和抛物线状；而非周期彗星的轨迹是开放型和双曲线状。这种运行轨道是受天体间万有引力作用所致。在行星的摄动下，有的周期彗星变为非周期彗星；反之，有的非周期彗星也可变为周期彗星。

如果彗星的寿命真的十分短暂，而且它们的命运只能是四分五裂，形成大量的宇宙尘埃而最终步入消亡，那为什么直至今日，仍有大量的彗星遨游于天际中呢？为什么在太阳系形成至今的46亿年的漫长岁月里，彗星仍未消失殆尽呢？

上述问题的答案只可能有两个：其一，彗星形成的速度与其消亡的速度是同样迅速的；其二，宇宙中的彗星实在太多了，即使在46亿年后的今天仍未全部消失。不过第一种可能性成立的理由并不充分，因为天文学家们至今也未能发现彗星仍在形成的证据。

看来，我们只能从第二种可能性入手，丹麦天文学家詹·汉德瑞克·奥特于1950年指出，当太阳系形成之时，由于它的中心产生的引力无法充分束缚其最外部大量的宇宙尘埃和气体星云等原始物质。因此这些物质并未能形成整个聚合过程中产物的一部分，在这种聚合过程的初期，上述物质仍处于原始位置，并因受到的压迫较轻而形成1000亿块左右的冰态物质。这种云系虽然远离行星系，但仍受太阳吸引力的控制，人们称之为"奥特云"。至今还没人见过这些云系，但到目前为止，这仅仅解释了彗星现在存在的原因。

很显然，彗星可能存在于上述云系中，这些彗星以极缓慢而固定的速度绕太阳旋转，其运行周期达数百万年，不过，在某种时候，由于彼此间的碰撞或其他恒星的吸引，彗星的运行将发生改变。在某些情况下，其公转速度加快，此时，公转轨道半径必将加大，并最终永远脱离太阳系；反之，公转速度也可能减缓，此时，彗星将向太阳系中心靠拢。在这种情况下，彗星将以一种极为绚丽的形象出现于地球上空，从此它将以新轨迹运行（除非这一轨迹再次因星体间的碰撞而改变），并最终步入消亡。

奥特断定在太阳系存在的岁月里，有20%的彗星已经飘逸到太阳系以外或已坠入太阳而消亡了，不过，仍将有80%的彗星以其原有的姿态遨游于太空之中。

彗星起源的第二种假说认为彗星来自太阳系边缘彗星带。

这种学说认为太阳系边缘有个彗星带，那里大约有100亿颗彗星，它们可能是在50亿年前在天王星、海王星和冥王星形成时剩下的物质云形成的，并定期地向太阳系内部飞来。

当它们从大行星附近飞过时，由于行星引力作用，轨道受到摄动，于是轨道变成椭圆形，成了周期彗星。因此，它也就成为太阳系的固定成员了。如哈雷彗星，它就是椭圆形轨道，周期为76年，周期性地回归太阳系。这种说法实际上是"俘获"说。

第三种假说认为，彗星可能来自木星喷发物。

这种假说认为大多数周期彗星的轨道远日点都在离木星轨道不远处，由此可推测彗星很可能是由木星内部向外喷发一些物质而形成。彗星的化学成分确实也与木星大气成分相近，这一点支持了喷发说。要想喷发，必须达到 60 千米/秒的速度才可能使喷发物摆脱木星引力而飞向太阳系的轨道。但这一速度对木星上的温度来说，又似乎很困难。所以此假说是否站得住脚，还有待更多证据来证实。

还有一种更离奇的学说认为太阳有一颗姐妹星，叫复仇星。复仇星在绕太阳旋转的轨道上周期性地把致命的彗星释放到地球上，使地球上扬起弥漫持久的尘埃，环境发生剧烈变动，以致使生物从地球上消亡。每隔 2600 万年复仇星离太阳最近时，引力使彗星从奥特云中飞出，其中一部分便飞到地球大气层来。至于复仇星的来历，有人认为它与太阳同期形成；有人认为它是后来被太阳俘获的。当它闯入太阳系时，可能挤走了某颗行星，并由于摄动力而引起地球上的一场大浩劫。至于复仇星是否存在？它是一颗恒星还是一颗行星？还是一颗黑星（黑洞）？到目前还一无所知，什么也没观测到。所以关于彗星来源问题，目前仍处于假说研究证实阶段，最后打开彗星之谜的金钥匙还没有拿到手。

探索火星"运河"

在天文学历史，甚至科学历史上，恐怕再也没有比发现火星上的"运河"这件事情，更能引起轰动、更激动人心的了。因为如果承认火星上有运河，就等于承认了火星上有智慧生命的存在，这无疑是一个引起人们浓厚兴趣的问题。

最早指出火星上有运河的，是意大利天文学家斯基阿帕雷利。他在 1877 年利用火星近日点与地球会合的最佳机会，通过口径 24 厘米的天文望远镜仔细地观察火星。他惊讶地发现在火星的圆面上，有一些模糊不清、颜色灰暗的直线条，这些"暗线"又把一个个"暗斑"连接起来。后来经过继续观察，他又发现了更多的暗线，有的暗线根据估算宽达 120 千米，长 4800 千米，纵横交错，形成覆盖火星大陆的网络。他还发现，在有些季节有的暗线还会变成两条，相互平行。

这是一种很难想象的存在物，但斯基阿帕雷利毫不怀疑。他说："我绝对相信我所看到的东西。"他借用另一位意大利天文学家赛奇用过的意大利词 Canale 来称呼这些暗线。这个词相当于英语的 Channel，意为沟渠或水道。斯基阿帕雷利后来还将自己的发现绘制成图表，公之于世。

开始，斯基阿帕雷利只是猜想这些暗线条是分割火星大陆、连接海湾的水道，他并未明确表示它们是人造的，还是火星上天然形成的；他更没有把这些灰暗的线条与人们在地球上开凿的人工运河等同起来。所以最初，人们并没有对他的发现给予过多地关注。但过了没有多久，即到了 19 世纪 80 年代，这个话题又异乎寻常地热门起来。原因就在于，有人把这些"暗线"解释为火星上"智慧生物"构筑的运河。最早提出这个具有"轰动效应"观点的，是美国的天文学家洛韦尔。

洛韦尔沉溺于斯基阿帕雷利的发现。为了便于观察火星，他自己出钱在大气稳定、气候干燥的亚利桑那州修建了一座天文台。经过多年的工作，洛韦尔和他的同事们不但证实了斯基阿帕雷利的发现，并且还新发现了几百条新的运河。他们认为，整个火星表面运河密布，像蜘蛛网一样。洛韦尔根据自己的观测结果，先后写成了三本书：《火星》《火星及其运河》《火星——生命的住所》。在这三本广为流传的书中，洛韦尔将观测结果与他的"设想"十分自信地结合在一起，反复宣传这样的观点：火星大气层空气十分稀薄，陆地表面又严重缺水，生物若要生存就需要解决水的问题；火星的极冠是由冰雪组成的，夏季冰雪消融，成为水源；密布火星表面的直线网络不能用自然现象解释，它们必定是火星上的某种智慧生物构筑的灌溉系统，其目的是将极地的水引向干旱的赤道区域；直线条在大陆中央交汇，显示出明确的意图；许多线条交错处的"暗斑"则是绿洲，它们是"火星文明"的一个个中心地带。一个时期以来，似乎形成了这样的局面：只要承认火星上暗线条的确实存在，洛韦尔的理论就是"令人信服"的。事实上，他的"火星文明说"的确令人神往，很快便赢得了世人的热情支持。一时之间，数不清的文章、演说，还有大量出版的科学幻想小说，使得"火星人"和"火星文明"变得妇孺皆知。热情支持洛韦尔的人们和受到人们热烈支持的洛韦尔的相互作用，更把事情推向了高潮。头脑发热的洛韦尔后来"越走越远"，他甚至宣称：火星早已是一个"高度发达的有组织的社会"，在这颗"战神之星"（火星在西方是以神话中的战争之神马尔斯来命名的）上，由于文明的发达，早已没有了战争。必须承认，这些实际上拿不出多少根据的臆断，的确非常合乎绝大多数地球人类（他们反思自己的文明，憧憬未来，渴

望和平）的胃口。

但是洛韦尔等人的理论并未得到所有人的支持。例如，著名的美国天文学家巴纳德就表示，他看到了火星表面的许多细节，但无法相信"运河"的存在。一些"运河"根本不是直线，通常的描述显得过于夸张。在能将"细节"看得更清楚的条件下，这些线条实际上很不规则，而且是断开的。希腊的安东尼阿迪用82厘米的望远镜观测，也只是看到形状毫不规则的暗线。而且，随着观测活动的增多，能够发现这样一个观测规律：大气宁静度越好，那些暗线和斑点越是断续，反之，它们就连接、融合在一起。最后，这两位经验丰富的天文观测家都确信：所谓的"火星运河"是一种眼睛的错觉，它们的存在只"属于想象力过于丰富的人"。

英国科学家蒙德用一个极其简单的心理学实验，证明"火星运河"的确是人的视错觉。他先在一张大纸上随机地画上许多斑点、圆圈、椭圆、直线、波纹线和不规则的小点，然后让一群小学生坐在不同的位置上临摹。结果，坐在远处的学生往往会画出一系列有规则的直线。

上述反对观点的出现好像冷水浇头，关于"火星人"和"火星文明"的说法逐渐地沉寂了下来。但是，不少人还是感觉到，以纯粹的"视觉错误"否认"火星运河"的存在，也似乎过于轻巧了。为了进一步广泛地研究、考察火星，同时揭开火星"运河"之谜，1964—1977年，美国科学家连续向火星发射了"水手号"和"海盗号"两个系列共8个探测器。1971年11月，美国的"水手9号"探测器对火星的全部表面进行了高分辨率的照相。货真价实的照片让一些"火星迷"非常"失望"，因为它们明白无误地显示，这里没有洛韦尔等人所说的"火星人"，也没有所谓"绿洲"和高度发达的"火星文明"的存在。火星表面是和月球表面几乎一样的，完全干涸，死气沉沉。

然而，"水手9号"在基本否定洛韦尔的同时，也没有让他难堪到底。照片显示，火星表面虽然没有一滴水，但是有许多类似河床的地质构造。这些干涸的"河床"最长的约1500千米，宽达60千米或更多。主要的"大河床"分布在火星赤道地区，而且"支流"很多，它们几乎全部朝着下坡方向"流去"。根据一些科学家的分析，只有像水等易流动的液体，才能在火星表面冲刷形成这种"河床"。但这无疑是一些天然河床，绝非"火星人"哪怕"曾经"创造的运河。另外，它们在具体位置和形状上，也都与洛韦尔所描绘的大相径庭。

马上有人对这些河床产生了浓厚的研究兴趣。1975 年，有研究者将火星上的河床分成了三大类：径流河床、流出河床和侵蚀河床；其中的径流河床与地球上的河流十分相似。有人认为，这些径流河床非常令人信服地说明，火星上曾有过能让水在其表面自由流动的条件。而径流河床多出现在古老的环形山地，这就表明它们年代很久远。一些孜孜不倦的科学家通过进一步搜集证据、仔细分析后认为，在大约 30 亿年以前，火星上有比现在更温暖的气候，有比现在更浓密的大气允许水的存在和流动，甚至像地球一样有降水过程补充水源。20 世纪 90 年代以后，"火星探测者"和环火星探测器又发回了大量的照片。科学家们对这些珍贵的资料逐一进行了分析研究，他们发现有一处高出地表约 4000 米的陡崖，明显是由一系列岩层构成，有岩石崩塌的痕迹；他们还发现一些峡谷底部有干涸的"水塘"和巨型卵石。鉴于这些"被洪水冲刷的痕迹"非常明显，他们认为在 38 亿年前，火星上确实曾经有过汹涌的洪水。

同样让人迷惑不解的是，如果火星上曾经有水有河，或者发过漫无边际的大洪水，这些水后来到哪里去了呢？有人认为，火星早期火山活动频繁，并且喷出大量浓厚的原始大气，使得火星表面温暖如春。于是，覆盖两极的白色冰雪"极冠"慢慢融化，形成河水滚滚的壮丽景观。但后来火山活动减少，大气变得稀薄，气候也寒冷干燥，河水便干涸了。

还有一部分人认为，火星失水的原因，大概是因为遭到过卫星的撞击。持这种观点的人认为，火星在久远的过去，一定有过多于目前"火星—1""火星—2"的卫星。也许就是原本存在的"火星—3"的那颗卫星，它忽然被火星的引力拉裂；有些碎片散佚于宇宙空间，更多的碎片则纷纷"投靠"火星，"不知轻重"地撞击到火星表面。撞击产生了强烈的高温，不仅融化了岩石、毁灭了植被，而且使得火星大气中的各种气体离子化，从而毁灭了火星上的生命，也毁灭了充足的氧气和水。

另一部分人认为，火星的历史早期，大气层中有厚厚的二氧化碳，也有适合水存在的温度。后来，气候逐渐变暖，类似地球的"温室效应"发生了；但

它不属于普通类型的温室效应，是足以导致火星气候发生根本改变的恶性循环，这样，大气变得稀薄、干燥、寒冷，水逐渐消失得无影无踪了。

这真是所谓旧的谜团刚解开，新的迷雾扑面而来。科学探索本身就是一个"连环套"的智力冒险游戏。得出结论固然需要有科学的证据，但是每一代科学家都有自己的责任，他们毕竟不能等到完全掌握了"所有的证据"，才下郑重、精确的结论。科学探索需要脚踏实地，但如果没有各种假说、推理甚至幻想，科学探索一定非常枯燥不堪，人类前进的步伐一定很慢。

探索太阳命运

太阳如一团熊熊燃烧的火焰，给人类带来光明与温暖，勇气和希望。地球上一切活动的能量，几乎都源自太阳；如果没有太阳，黑暗、严寒会吞噬整个地球，我们美丽的家园将变成死寂的世界。太阳无比灿烂的光彩，还激发了人类丰富的想象能力，以致他们曾经把它当做神来崇拜。举世闻名的埃及吉萨地区的金字塔，每当春分这一天，它们的一个底边刚好指向太阳升起的地方；希腊神话中太阳神阿波罗的名字，被用来命名现代航空飞行器；古代各国的帝王们，更是把太阳看做至高无上、君临天下的象征。

宇宙中，太阳是距地球最近的恒星，日地距离只有 1.5 亿千米。太阳的直径大约为 139.2 万千米，是地球直径的 109 倍；太阳体积为地球的 130 万倍，而质量比地球大 33 万倍。太阳主要由氢、氦等物质构成，其中氢占 73.5%，氦占 25%；其他成分如碳、氮、氧等，只占太阳物质构成的 1.5%。太阳核心的温度高达 1500 万~2000 万 K，每秒钟有 6 亿多吨的氢在那里聚变为氦；在这一过程中，每四个氢原子核聚变为一个氦原子核，而每产生一个氦原子，太阳就向外辐射一小部分能量。地球植物的光合作用，煤、石油等矿藏的形成，大气循环、海水蒸发、云雨生成等，这一切都离不开太阳的活动。10 亿年来，地球的温度变化范围很小，不超过 20℃，这说明太阳的活动基本稳定，也为生命的孕育、演化提供了极好的条件。

到目前，太阳上的氢聚变反应已进行了几十亿年，有人担心太阳的能量总有一天会耗尽。的确，太阳的能量并非取之不尽，用之不完。如果氢不断减少，氦不断产生，未来的太阳会变成什么样？

根据恒星演化理论，从恒星中心核内的氢开始燃烧到它们全部生成氦，这一过程叫做"主星序阶段"。处于主星序阶段上的恒星称之为"主序星"。不同恒星体在主星序中存在的时间是不同的，这主要取决于该恒星体的质量。天文学家爱丁顿发现：质量越大的恒星体，它为抗衡万有引力而产生的热量也越多；产生热量越多，则星体膨胀速度越快；相应地，它留在主星序中的时间便越短。拿太阳来说，它和众多的恒星一样，目前正处于主星序阶段。根据科学家计算，太阳可在主星序阶段停留 100 亿年左右；而目前它处于主星序阶段上已 46 亿年了。质量比太阳大 15 倍的恒星只能停留 1000 万年，质量为太阳质量五分之一的恒星则能存在 10 000 亿年之久。

当一颗恒星度过它漫长的青壮年期——主序星阶段，步入老年时，会首先变成一颗"红巨星"。之所以称为"巨星"，因为它的体积巨大，在这一阶段，恒星将膨胀到比原来体积大 10 亿多倍的程度；称它"红"巨星，因为在恒星迅速膨胀的同时，其外表面离中心越来越远。温度随之降低，发出的光也越来越偏红。尽管温度降低，红巨星的光度却变得很大，看上去极为明亮。目前人类肉眼看到的亮星中，有许多都是红巨星。现在，我们最熟悉的一颗红巨星是猎户星座的"参宿四"，其直径达 11 亿千米，为太阳直径的 800 倍。若"参宿四"在太阳的位置发光，红光会遍及整个太阳系。

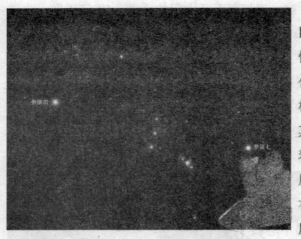

从"主序星"衰变成"红巨星"，变化不仅仅是外在的，恒星的内核也发生了很大变化——从"氢核"变成了"氦核"。我们已经知道，恒星依靠其内部的热核聚变而熊熊燃烧着，核聚变的结果是每四个氢原子核结合成一个氦原子核；在这个过程中恒星释放出大量原子能并形成辐射压，辐射压与恒星自身收缩的引力相平衡。而当恒星中心区的氢消耗殆尽，形成由氦构成的氦核之后，氢聚变的热核反应便无法在中心区继续进行。此时引力重压没有辐射压来平衡，星体中心区会被压缩，温度随之急剧上升。恒星中心的氦核球温度升高后，紧贴它的那一层氢氦混合气体相应受热，达到引发氢聚变的温度，热核反应便重新开始。于是，氦核逐渐增大，氢燃烧层也随之向外扩展（恒星星体外层物质受热膨胀，就是它开始向红巨星或红超巨星转化的过程）。转化中，氢燃烧层产生的能量可能比主序星时期还要多，但星体表面温度不仅不会升高反而会下降。原因在于外层膨胀后受到的内聚引力减小，即使温度降低，其膨胀压力仍可抗衡或超过引力，此时星体半径和表面积增大的程度超过产能率的增长，因此总光度可能增长，表面温度却将下降。质量比太阳大4倍的大恒星在氦核外重新引发氢聚变时，核外放出的能量未明显增加，半径却增大了好几倍，因此恒星的表面温度由几万开氏度降到三四千开氏度，成为红超巨星。质量比太阳小4倍的中小恒星进入红巨星阶段时表面温度下降，光度也将急剧增加，这是它们的外层膨胀消耗的能量较少而产能较多的缘故。

红巨星一旦形成，就会朝恒星演化的下一阶段——"白矮星"进发。当外部区域迅速膨胀时，氦核受反作用力将强烈向内收缩，被压缩的物质不断变热，最终内核温度将超过1亿摄氏度，从而点燃氦聚变。经过几百万年，氦核也燃烧殆尽，而恒星的外壳仍然是以氢为主的混合物。如此，恒星结构比以前复杂了：

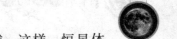

氢混合物外壳下面会有一个氦层，氦层内部还埋有一个碳球。这样，恒星体（红巨星阶段）的核反应过程将变得更加复杂。其中心附近的温度继续上升，最终使碳转变为其他元素。与此同时，红巨星外部也开始发生不稳定的脉动振荡：恒星半径时而变大，时而缩小，稳定的主星序恒星将变成极不稳定的巨大火球。火球内部的核反应也会越来越趋于不稳定，忽强忽弱。此时，恒星内部核心的密度实际上已增大到每立方厘米 10 吨左右，可以说，在红巨星内部已经诞生了一颗白矮星。

白矮星是一种很特殊的天体，它体积小、亮度低、质量大、密度高。比如天狼星伴星（它是最早被发现的白矮星），体积比地球大不了多少，但质量却和太阳差不多！也就是说，它的密度为 1000 万吨/立方米左右。根据白矮星的半径和质量，可算出它的表面重力等于地球表面重力的 1000 万至 10 亿

倍。在这样高的压力下，任何物体都将不复存在，连原子都会被压碎；电子也将脱离原子轨道变成自由电子。

白矮星的密度为什么这样大？我们知道，原子是由原子核和电子组成的，原子的质量绝大部分集中在原子核上，而原子核的体积很小。比如氢原子的半径为一亿分之一厘米，而氢原子核的半径只有十万亿分之一厘米。打个比方，假如原子核的大小如一颗玻璃球，那么电子轨道将在 2 千米以外。而在巨大的压力之下，电子将脱离原子核，或自由电子。这种自由电子气体会尽可能地占据原子核之间的空隙，从而使单立空间内包含的物质大大增多，密度大大提高。形象地说，此时原子核是"沉浸于"电子中的，没有了原先与电子的"秩序"和"距离"，科学上一般把物质的这种状态叫做"简并态"。简并电子气体压力与白矮星强大的重力平衡，一定时间内维持着白矮星的稳定；可是当白矮星质

量进一步增大，简并电子气体压力就有可能抵抗不住引力而收缩，白矮星还会坍缩成密度更高的天体："中子星"或"黑洞"。

对单星系统而言，由于没有热核反应来提供能量，白矮星在发出光热的同时，也以同样的速度冷却着。经过100亿年的漫长岁月，年老的白矮星将渐渐停止辐射死去。它的躯体会变成一个比钻石还硬的巨大晶体——"黑矮星"，孤零零飘荡在宇宙空间。对于多星系统来说，白矮星的演化过程可能没有这么简单，中途有可能发生改变，这需要科学家们进行更深入细致地研究。

最近，英国曼彻斯特大学和美国国家射电天文台的科学家，在曼彻斯特举行的国际天文学联合会大会上宣布，他们使用射电望远镜拍到了1000光年外的一颗恒星向外喷发气体的图像。这是迄今科学家拍到的最精细的太阳系外恒星活动图像。对这批图像进行研究，将有助于了解恒星接近死亡时的演化过程，从而预测出太阳的未来命运。科学家们观测的这颗恒星名叫TCAM，位于鹿豹星座，是一颗年老的"变星"，其亮度以88个星期为周期进行有规律的变化。过去，科学家们每两周对TCAM进行一次观测，一直持续了88周（即该恒星的一个光变周期）。他们使用了"特长基线干涉测量"（VLBI）技术，在43吉赫频段记录恒星喷出的气体发出的射电波，结果获得了比哈勃太空望远镜所能拍到的同类图像精细500倍的图像。从图像中可以看出恒星表面附近气体的复杂运动，但其中有一些利用现有理论尚不能解释。一些科学家们认为，几十亿年后，太阳在生命走到尽头时会迅速膨胀，把包括地球在内的太阳系内行星"吞噬"掉。届时太阳会剧烈地脉动，像TCAM一样成为一颗变星。在脉动过程中，大量物质将被抛入星际空间，太阳的大部分质量都会损失掉，剩余部分将坍缩成一颗白矮星。在银河系中发现的大量变星表明，脉动和质量抛失是恒星死亡过程中的普遍现象，一些变星每年能够抛出相当于一个地球质量的物质。研究这种质量抛失，可以更好地了解恒星生命终结的过程，其中也包括我们的太阳。

一些科学家认为，虽然目前对恒星演化过程还不是太清楚，但基本可以肯定大约50亿年后，太阳就会成为红巨星。那时，地球上的一切生命将不复存在。届时地面温度将比现在高两三倍，北温带夏季最高温度会接近1000℃；而地球上面积巨大的海洋，也将会被蒸发成一片沙漠。预计太阳在红巨星阶段大约停留 10 亿年，光度将升高到今天的好几十倍；它的体积也将比现在更加硕大，若从地面角度观察，会发现它实际上"布满"整个天空。

这样的"世界末日"虽然还非常非常的遥远，但是一些人因为提前几十亿年知道了最后的"大结局"，无法掩饰内心的苦涩。因为这样一来，不仅人类，就连一切的生命形态都显得那样渺小，那么"微不足道"。他们会问："如果生命的演进注定是一场过眼云烟，那么它还有什么意义呢？"

的确，在人类看来，虽然个体生命的意义在于它的有限，但整体生命的意义似乎应该在于无限。在这个信念的支撑下，很多人认为即便没有了地球，生命也会在另一个星球上延续。人类是不会坐以待毙的！他们极有可能在此之前早已移居到太阳系以外其他适合生存的行星上了。银河系中有 1000 亿颗发亮的恒星，而每一恒星附近常有好几颗行星，在广袤的宇宙里又至少有 1 千亿个与银河系类似的星系。从理论上讲，适宜人类生存的星球应不止一颗。1957年开始，人类便着手进行太空探险的尝试了；1995 年，天文学家第一次发现太阳系之外的一颗恒星附近存在着行星；到现在，人们一共找到了许多颗太阳系以外的行星。也许其中的某一颗，会是未来人类的家园。

预知太阳能量

太阳是地球万物生长的动力源泉。自人类诞生起，太阳就一直是人心目中光明和温暖的使者。在各个国家、民族的神话故事里，太阳是不可或缺的角色。中国神话有"后羿射日""夸父逐日"，古代西方有阿波罗神等。

太阳炽热无比，这主要因为太阳每时每刻都在向外释放出巨大的能量。可以毫不夸大地说，地球上人类迄今为止利用的主要能量，直接或间接地都来自太阳。而在人类有史可查的漫长岁月中，太阳光和热都未见有丝毫的减弱，这

既让人高兴，又令人费解：如此巨大而持久的能量是从哪里来的呢？

对此，古往今来的科学家们众说纷纭。首先有"燃烧说"，这是一种最原始也是最朴素的猜测。该观点认为，太阳是通过燃烧内部物质而发出光和热的。有人设想太阳是一只巨大无比的"煤炉"，靠类似煤炭燃烧发出强光和辐射热量。然而，根据测量，太阳表面温度高达 6000℃，很难解释由碳和氧发生化学反应生成二氧化碳的"燃烧"，能达到这样高的温度。同时，根据测到的数据，太阳每秒的辐射能量以功率单位瓦计算为 3.9×10^{26}，用普通的燃烧难于维持这个大得惊人的天文数字。再者，如果太阳是靠这种化学能来维持的话，最多不过燃烧几千年，可是至今太阳已经存在了 45 亿年而不见衰退的迹象。由此可见，"燃烧说"不符合事实。

于是出现"流星说"。有人认为太阳周围有稠密的流星，它们以可观的宇宙速度撞击太阳，这样流星的动能便转变为太阳的热能。然而，果真如此的话，欲维持太阳发出那样巨大的能量，坠落在太阳表面上的流星之多，应该使太阳的质量在近 2 千年内有显著的增加，这就会影响八大行星的运动；但是从八大行星的运动情况来看，并没有什么显著的变化。况且按照牛顿的万有引力理论，流星不会漂浮在太阳的上空，不会大量落在太阳上，它们是以闭合的轨道绕太阳运行。

关于太阳能的来源，第一个可称得上"理论"的，是天文学家亥姆霍兹于 1854 年提出的太阳"收缩说"。他认为像太阳那样发出辐射的气团必定会因冷却而收缩。当气团分子在收缩中向太阳中心坠落时，势能转变成动能，再转变为热能以维持太阳所发出的热量。但是计算同样表明，如此太阳的寿命不应超过 5 千万年，而太阳的实际年龄却是 45 亿岁。面对事实，连亥姆霍兹自己也对"收缩说"摇头了。

然后是"核燃烧说"。根据光谱分析，早已知道太阳中含有丰富的氢，还有少量的氦。可见，这两种元素一定与太阳能有密切的关系。1911 年原子核发现后，人们开始猜测太阳能也是从原子核反应中释放出来的。

已知几个核子（组成原子核的粒子）通过核反应结合在一起，就会放出能量。例如 4 个氢通过核反应结合成 1 个氦，便能放出 20 兆电子伏特以上的能量。按照著名的爱因斯坦质能关系式 "E（能量）$= m$（质量）$\times c^2$（光速）"，4 个氢核质量约相当于 4000 兆电子伏特的能量。而根据太阳的辐射功率，同样可由质能关系估计出太阳每秒减少的质量为 4×10^6 吨，这与太阳总质量 2×10^{27} 吨之比为 2×10^{-21}，这就是太阳的 "质量亏损率"。两者一比较，便得出太阳寿命估计为几百亿年。于是人们恍然大悟，原来氢就是太阳中的燃料，氦则是它燃烧后的余烬，太阳能来自氢的聚变反应。从太阳光的光谱分析，也证实太阳里确实存在氢气和氦气。

　　人类对太阳能来源的认识在步步深化，然而，疑团却远未解开。氢弹爆炸是瞬息之间发生的，反应是在顷刻之间完成的，人们至今无法控制聚变反应，使之像裂变反应那样持续进行。要是太阳在进行 "氢弹爆炸"，为什么不是所有的氢气一起参加反应？要是所有的氢一起参加反应，反应一次完成，反应之后理应逐渐冷却，但是，研究证明，数百万年来，太阳光的强度没有丝毫减弱。如果太阳是在进行大规模的有控制的热核反应，那么什么条件使得太阳中的氢能局部地持续地参与聚变反应？有控热核反应正是人们追求的目标，但是至今没有做到。由此看来，太阳能的来源问题，仍是科学家们努力探索的一个谜题。

太阳系中最大的行星

　　木星是距离太阳第五近的行星，也是太阳系中最大的行星。它的质量是地球的 318 倍，半径达 71 400 千米，约是地球半径的 11 倍。它的体积是地球的 1316 倍，比其他七颗大行星体积的总和还要大，质量是其他七大行星总和的 2.5 倍。木星距离太阳 5.2 天文单位，即相距约 7.78 亿千米。

　　木星虽然体积庞大，但因距离太阳较远，所以看上去还不如金星明亮。也正因为远离太阳，它的表面温度比地球低很多，"先驱者 11 号" 宇宙飞船测得

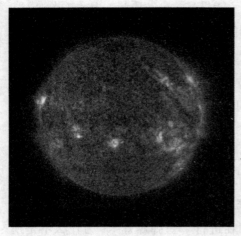

它表面某处的温度仅为 -150℃。木星绕太阳公转一圈需要 11.86 年，几乎每年地球都有机会位于木星和太阳之间。在这样的时间段里，太阳落山时，木星正好升起，我们整夜都能看到它。

木星自转很快，自转一周只需 9 小时 50 分 30 秒。飞快的旋转速度使它的两极方向非常扁平，因此它的外形看起来有点像被压扁的球体。木星外面裹着一层厚达 12 万千米左右的大气层。木星快速的自转也带动大气层顶端的云层以 35 400 千米/小时的速度旋转，这种高速度产生的离心力把云层拉成线丝，从而使木星云层在赤道上空高高隆起。

木星圆面上有许多带状纹，每条带状纹都与木星的赤道平行。这些带状纹是木星的大气环流。气体中亮的部分叫做"带"，是气体上升的地带；暗的部分叫做"条纹"，是气体下降的区域。

在木星赤道南侧的上空，有一块引人注目的大红斑。这个明显的标志自 1665 年发现以来，一直没有消失过，只是明暗、形状经常会发生变化。大部分天文学家认为，它可能是一个巨大的气体旋涡。

太阳系中最美丽的行星

在太阳系的八大行星中，土星是公认的最美丽的行星。它的表面呈淡淡的橘黄色，赤道上空有一个发光的环围绕着，好像戴了一顶高贵典雅的帽子。土星绕太阳一圈大约需要 29 年半才能完成，但自转速度较快，自转周期短，大概只需要 10 个多小时。由于它自转速度快，产生的离心力大，导致它的外形偏扁。

土星的赤道与其公转轨道有 27°的倾角，与地球的 23°倾角非常相似。当土星公转时，其两个半球交替朝向太阳。这种交替循环形成了土星的四季变化，这与我们地球的四季成因相同。

科学家认为，土星的中心是一个岩石核，外围是一层压缩的冰块，冰块外面裹着由氢和氦等气体构成的大气圈。土星斜着身子绕太阳转动，当它的北极朝向太阳时，那里由于长时间低温而凝结成细小颗粒的氮，被太阳光急剧加热升温，升华成氮气，并一直上升直到抵达低温的云顶，形成光亮的白云，我们称之为"大白斑"。

与地球相比，土星的直径是地球的 9.5 倍，体积是地球的 730 倍。土星的核心外面没有像地球那样的幔和壳，只有核外的冰层和与之相连的大气。因此，

它虽然体积很大，但密度却很小。水的密度为 1000 千克/米³，土星的密度只有水的 70%，假如把土星放在水中，它会漂浮在水面上。

土星表面的温度约为 −140℃，云顶温度为 −170℃，比木星还低。由于土星表面温度较低，且物质逃逸速度慢，从而使它保留着几十亿年前形成时所拥有的几乎全部的氢和氦。因此，科学家认为，研究土星目前的成分就等于研究太阳系形成初期的原始成分，对于了解太阳内部活动及其演化很有帮助。

第三章

探秘星系

仰望寂静的夜空，我们能够看到无数闪烁着的星辰。但是，这还仅仅只是我们能够看见的沧海一粟而已。在茫茫的宇宙之中，在更多目不能及的空间里，有无数星辰构成的星系就已经达到了千亿。星系，是宇宙之中最丰富和美丽的系统。

总星系是什么

　　总星系并不是一个具体的星系，也不像本星系群、本超星系团那样的天体系统，而是指用现有的观测手段和方法，所能被人们观测和探测到的全部宇宙间范围。

　　通常把我们观测所及的宇宙部分称为总星系。也有人认为，总星系是一个

比星系更高一级的天体层次，它的尺度可能小于、等于或大于观测所及的宇宙部分。总星系的典型尺度约100亿光年，年龄为150亿年量级。通过星系计数和微波背景辐射测量证明总星系的物质和运动的分布统计上是均匀和各向同性的，不存在任何特殊的位置和方向。

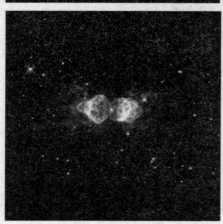

总星系物质含量最多的是氢，其次是氦。从1914年以来，发现星系谱线有系统的红移。如果把它解释为天体退行的结果，那就表示总星系在均匀地膨胀着。总星系的结构和演化，是宇宙学研究的重要对象。有一种观点认为，总星系是在一次大爆炸中形成的。这种大爆炸宇宙学解释了不少观测事实（元素的

丰度、微波背景辐射、红移等）。另一种观点则认为，现今的总星系是由更大的系统坍缩后形成的，但这种观点并不能解释微波背景辐射。

星系的定义

星系一词源自于希腊文中的galaxias，广义可以是指无数的恒星系（当然包括恒星的自体）、尘埃（如星云）组成的运行系统。参考我们的银河系，星系是一个包含恒星、气体的星际物质、宇宙尘和暗物质，并且受到重力束缚的大质量系统。典型的星系从只有数千万颗恒星的矮星系到上兆颗恒星的椭圆星系都有，全都环绕着质量中心运转。除了单独的恒星和稀薄的星际物质之外，大部分的星系都有数量庞大的多星系统、星团以及各种不同的星云。

星系是宇宙中庞大的星星的"岛屿"，它也是宇宙中最大、最美丽的天体系统之一。到目前为止，人们已在宇宙观测到了约1千亿个星系。它们中有的离我们较近，可以清楚地观测到它们的结构；有的非常遥远，目前所知最远的星系离我们将近150亿光年。

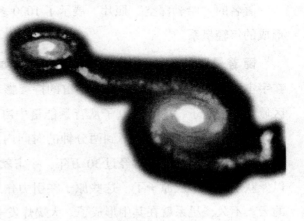

星系的演变过程

按照宇宙大爆炸理论，第一代星系大概形成于大爆炸发生后 10 亿年。在宇宙诞生的最初瞬间，有一次原始能量的爆发。随着宇宙的膨胀和冷却，引力开始发挥作用，然后，幼年宇宙进入一个称为"暴胀"的短暂阶段。原始能量分布中的微小涨落随着宇宙的暴胀也从微观尺度急剧放大，从而形成了一些"沟"，星系团就是沿着这些"沟"形成的。

哈勃太空望远镜拍摄的遥远的年轻星系照片，其中包含有正在形成中的星系团（原星系）。18 个正在形成中的星系团的单独照片。每个星团距地球约 100 亿光年。

著名的"哈勃深空"照片。展示了 1000 多个在宇宙形成后不到 10 亿年内形成的年轻星系。

随着暴胀的转瞬即逝，宇宙又恢复到如今日所见的通常的膨胀速率。在宇宙诞生后的第一秒钟，随着宇宙的持续膨胀冷却，在能量较为"稠密"的区域，大量质子、中子和电子从背景能量中凝聚出来。100 秒后，质子和中子开始结合成氦原子核。在不到两分钟的时间内，构成自然界的所有原子的成分就都产生出来了。大约再经过 30 万年，宇宙就已冷却到氢原子核和氦原子核足以俘获电子而形成原子了。这些原子在引力作用下缓慢地聚集成巨大的纤维状的云。不久，星系就在其中形成了。大爆炸发生过后 10 亿年，氢云和氦云开始在引力作用下集结成团。随着云团的成长，初生的星系即原星系开始形成。那时的宇宙较小，各个原星系之间靠得比较近，因此相互作用很强。于是，在较稀薄、较大的云中凝聚出一些较小的云，而其余部分则被邻近的云所吞并。

同时，原星系由于氢和氦的不断落入而逐渐增大。原星系的质量变得越大，它们吸引的气体也就越多。一个个云团各自的运动加上它们之间的相互作用，最终使得原星系开始缓慢自转。这些云团在引力的作用下进一步坍缩，一些自转较快的云团形成了盘状；其余的大致成为椭球形。这些原始的星系在获得了足够的物质后，便在其中开始形成恒星。这时的宇宙面貌与今天便已经差不多了。星系成群地聚集在一起，就像我们地球上海洋中的群岛一样镶嵌在宇宙空间浩瀚的气体云中，这样的星系团和星系际气体伸展成纤维状的结构，长度可以达到数亿光年。如此大规模的星系的群集在广阔的空间呈现为球形。

给星系分类

宇宙中没有两个星系的形状是完全相同的，每一个星系都有自己独特的外貌。但是由于星系都是在一个有限的条件范围内形成，因此它们有一些共同的特点，这使人们可以对它们进行大体的分类。在多种星系分类系统中，天文学家哈勃于 1925 年提出的分类系统是应用得最广泛的一种。哈勃根据星系的形态把它们分成三大类：椭圆星系、旋涡星系和不规则星系。椭圆星系分为七种类型，按星系椭圆的扁率从小到大分别用 E0-E7 表示，最大值 7 是任意确定的。该分类法只限于从地球上所见的星系外形，原因是很难确定椭圆星系在空间中的角度。旋涡星系分为两族，一族是中央有棒状结构的棒旋星系，用 SB 表示；另一种是无棒状结构的旋涡星系，用 S 表示。这两类星系又分别被细分为三个次型，分别用下标 a、b、c 表示星系核的大小和旋臂缠绕的松紧程度。不规则星系没有一定的形状，而且含有更多的尘埃和气体，用 Irr 表示。另有一类用

S0 表示的透镜型星系，表示介于椭圆星系和旋涡星系之间的过渡阶段的星系。

属 E0 型椭圆星系的 NGC4552。该星系位于室女座。

NGC4486，同样位于室女座，属 E1 型椭圆星系。

NGC4479 属于 E4 型椭圆星系，位于室女座。

NGC205 椭圆星系，属于 E6 型，位于仙女座。

位于六分仪座的 NGC3115，属 E7 型椭圆星系，也有把它归为 S0 型的。

位于狮子座的 NGC3623，属 Sa 型旋涡星系。

属 Sb 型的 NGC3627 旋涡星系，位于狮子座。

猎犬座的 NGC5194 旋涡星系，属 Sc 型。左侧是一个矮星系。

NGC3351 位于狮子座，属 SBb 型棒旋星系。

SBc 型棒旋星系 NGC3992，位于狮子座。

银河系的卫星系"大麦哲伦云"，属不规则星系。

NGC3034 不规则星系，位于大熊星座。

宇宙中的大部分大星系都是旋涡星系，其次是椭圆星系，不规则星系占的比例最小。旋涡星系自转得比较快，其盘面中含有大量尘埃和气体，这些物质聚集成能供恒星形成的区域。这些区域发育出含有许多蓝星的旋臂，所以盘面的颜色看上去偏蓝。而在其棒状结构和中央核球上稠密地分布着许多年老的恒星。与旋涡星系相比，椭圆星系自转得非常慢，其结构是均匀而对称的，没有旋臂，尘埃和气体也极少。造成这种局面的原因是早在数十亿年前恒星迅速形成时就已经将椭圆星系中的所有尘埃和气体消耗完了。其结果是造成这些星系中无法诞生新的恒星，因此椭圆星系中包含的全都是老年恒星。

宇宙中约有 10 亿个星系的中心有一个超大质量的黑洞，这类星系被称为"活跃星系"。类星体也属于这类星系。

此外还有一类个子矮小的"矮星系"。这类星系不像大型星系那样明亮，但其数量非常多。银河系附近有许多矮星系，其数量比所有其他类型星系之和都多。在邻近的星系团中也已发现了大量的矮星系。其中一些形状规则，多半都含有星族Ⅱ的恒星；形状不规则的矮星系一般含有明亮的蓝星。

星系的形状一般在其诞生之时就已经确定了，此后一直都保持着相对稳定，除非发生了星系碰撞或邻近星系的引力干扰。

椭圆形状的星系

　　椭圆星系是河外星系的一种，呈圆球型或椭球型。中心区最亮，亮度向边缘递减，对距离较近的，用大型望远镜望远镜可以分辨出外围的成员恒星。同一类型的河外星系，质量差别很大，有巨型和矮型之分。其中以椭圆星系的质量差别最大：质量最小的矮椭圆星系和球状星团相当，而质量最大的超巨型椭圆星系可能是宇宙中最大的恒星系统；质量范围为太阳的千万倍到百万亿倍，光度幅度范围从绝对星等 -9 等到 -23 等。椭圆星系质量光度比为 $50 \sim 100$，而旋涡星系的质量光度比为 $2 \sim 15$。表明椭圆星系的产能效率远远低于旋涡星系。椭圆星系的直径范围是 $1 \sim 150$ 千秒差距。总光谱型为 K 型，是红巨星的光谱特征。颜色比旋涡星系红，说明年轻的成员星没有旋涡星系里的多，由星族 Ⅱ 天体组成，没有或仅有少量星际气体和星际尘埃，椭圆星系中没有典型的星族 Ⅰ 天体蓝巨星。椭圆星系根据哈勃分类，按其椭率大小分为 E0、E1、E2、E3、……E7 共八个次型，E0 型是圆星系，E7 是最扁的椭圆星系。椭圆星系的形成，有一种星系形成理论认为，椭圆星系是由两个旋涡扁平星系相互碰撞、混合、吞噬而成。天文观测说明，旋涡扁平星系盘内的恒星都比较年轻，而椭圆星系内恒星的年龄都比较老，即先形成旋涡扁平星系，两个旋涡扁平星系相遇、混合后再形成椭圆星系。还有人用计算机模拟的方法来验证这一设想，结果表明，在一定的条件下，两个扁平星系经过混合的确能发展成一个椭圆星系。加拿大天文学家考门迪在观测中发现，某些比一般椭圆星系质量大的多的巨椭圆星系的中心部分，其亮度分布异常，仿佛在中心部分另有一小核。他的解释就是由于一个质量特别小的椭圆星系被巨椭圆星系吞噬的结果。但是，星系在宇宙中分布的密度毕竟是非常低的，它们相互碰撞的机会极小，要从观测上发现两个星系恰好处在碰撞和吞噬阶段是非常困难的。所以，这种形成理论还有待人们去深入探索。

旋涡结构的星系

具有旋涡结构的河外星系称为旋涡星系，在哈勃的星系分类中用 S 代表。旋涡星系的旋涡形状，最早是在 1845 年观测猎犬座星系 M51 时发现的。旋涡星系的中心区域为透镜状，周围围绕着扁平的圆盘。从隆起的核球两端延伸出若干条螺线状旋臂，叠加在星系盘上。旋涡星系可分为正常旋涡星系和棒旋星系两种。按哈勃分类，正常旋涡星系又分为 a、b、c 三种次型：Sa 型中心区大，稀疏地分布着紧卷旋臂；Sb 型中心区较小，旋臂较大并较开展；Sc 型中心区为小亮核，旋臂大而松弛。除了旋臂上集聚高光度 O、B 型星、超巨星、电离氢区外，同时还有大量的尘埃和气体分布在星系盘上。从侧面看在主平面上呈现为一条窄的尘埃带，有明显的消光现象。旋涡星系通常有一个笼罩整体的、结构稀疏的晕，叫做星系晕。其中主要是星族 II 天体，其典型代表是球状星团。一个中等质量的旋涡星系往往有 100～300 个球状星团。随机地散布在星系盘周围空间。在往外，可能还有更稀疏的气体球，称为星系晕。旋涡星系的质量为10 亿到 1 万亿个太阳质量，对应的光度是绝对星等−15～−21 等。直径范围是5～50 千秒差距。Sa 型星系的总光谱型为 K，Sb 型为 F～K，Sc 型为 A～F。产生总光谱的主要天体既有高光度早型星，又有高光度晚型星。星族 I 天体组成星系盘和旋臂，星族 II 天体主要构成星系核、星系晕和星系冕。

棒旋星系

棒旋星系是中心呈长棒形状的螺旋形星系，一般的旋涡形星系的中心是有圆核的，而棒旋形星系的中心是棒形状，棒的两边有旋形的臂向外伸展。

外形不规则不规则星系

外形不规则，没有明显的核和旋臂，没有盘状对称结构或者看不出有旋转对称性的星系，用字母 Irr 表示。在全天最亮星系中，不规则星系只占 5%。按星系分类法，不规则星系分为 Irr Ⅰ 型和 Irr Ⅱ 型两类。Ⅰ 型的是典型的不规则星系，除具有上述的一般特征外，有的还有隐约可见不甚规则的棒状结构。它们是矮星系，质量为太阳的 1 亿~10 亿倍，也有可高达 100 亿倍太阳质量的。

它们的体积小，长径的幅度为 2~9 千秒差距。星族成分和 Sc 型螺旋星系相似：O-B 型星、电离氢区、气体和尘埃等年轻的星族 Ⅰ 天体占很大比例。Ⅱ 型的具有无定型的外貌，分辨不出恒星和星团等组成成分，而且往往有明显的尘埃带。一部分 Ⅱ 型不规则星系可能是正在爆发或爆发后的星系，另一些则是受伴星系的引力扰动而扭曲了的星系。所以 Ⅰ 型和 Ⅱ 型不规则星系的起源可能完全不同。

发现仙女座星系

仙女座星系在天文史上有着重要的地位。1786 年，赫歇尔第一个将它列入能分解为恒星的星云。1924 年，哈勃在照相底片上指认出仙女座星系旋臂上的造父变星，并根据周光关系算出距离，确认它是银河系之外的恒星系统。现代测定它的距离是 670 千秒差距（220 万光年）。直径是 50 千秒差距（16 万光年），为银河系的两倍，是本星系群中最大的一个。1944 年，巴德又分辨出仙女座星系核心部分的天体，指认出其中的星团和恒星，并指明星族的空间分布与银河系相。仙女座星系旋臂上是极端星族 Ⅰ，其中有 O-B 型星、亮超巨星、OB 星协、电离氢区。在星系盘上观测到经典造父变星、新星、红巨星、行星状星云等盘族天体。中心区则有星族 Ⅱ 造父变星。晕星族成员的球状星团离星系主平面可达 30 千秒差距以外。

近年来还发现，仙女座星系成员的重元素含量，从外围向中心逐渐增加。这种现

象表明，恒星抛射物质致使星际物质重元素增多的过程，在星系中心区域比外围部分频繁得多。1914年皮斯探知仙女座星系有自转运动。1939年以来历经巴布科可等人的研究，测出从中心到边缘的自转速度曲线，并由此得知星系的质量距目前估计，仙女座星系的质量不小于$3.1×10^{11}$个太阳质量，比银河系大一倍以上，是本星系群中质量自大的一个。仙女座星系的中心有一个类星核心，直径只有25光年，质量相当于10^7太阳，即一立方秒差距内聚集1500个恒星。类星核心的红外辐射很强，约等于银河系整个核心区的辐射。但那里的射电却只有银心射电的1/20。射电观测指出，中性氢多集中在半径为10千秒差距的宽环带中。氢的含量为总质量的1%，这个比值较之银河系的（1.4% ~ 7%）要小。由此可以认为，仙女座星系的气体大部分已形成恒星。仙女座星系和银河系相似，对二者进行对比研究，就能为了解银河系的运动、结构和演化提供重要的线索。

星系间的可怕碰撞

据英国《卫报》报道，由美国和德国科学家组成的研究小组称，银河系的质量比先前预计的要大50%，旋转速度也要跟快，这意味着银河系对其他星系的引力有更大，因而银河系与包括仙女星系在内的其他星系相撞时间可能比科学家所预计的更早。研究人员表示，银河系一旦与其他星系相遇，碰撞时所产生的超大冲击波将会压缩呈星系内部的星际气体云团。但幸运的是，这一巨大的灾难只会发生于遥远的未来。德国马普研究院天文学家卡尔·门特恩解释说，碰撞将可能发生于数十亿年之后，虽然两者碰撞的时间比科学家所预测的要早得多，但对于人类来说这一时间仍然是属于遥不可及的未来，不会引起人类的恐慌。

卡尔和他所领导的国际研究团队利用"甚长基线电波干涉阵列"射电望远

镜对银河系进行了精确的测量。银河系在旋转的过程中，某些放射无线电波的部分会向地球方向移动。正是基于此现象，科学家们才可以计算出银河系旋转的速度。

科学家们记录了来自银河系 4 个旋臂所发射出来的无线电波，并根据这些无线电波进行测量。经过测量发现，太阳系会随着银河系以大约 100 万千米/小时的速度旋转，比预期中的要快近 17 万千米/小时。卡尔认为，"测量结果要求我们必须要重新认识和理解银河系的结构和运行规律"。太阳系距离银河系中心大约为2.8万光年。仙女座星系大约是太阳质量的2700亿倍，距离太阳系有 200 多万光年。银河系的这种高速旋转意味着它的质量应该与仙女座星系相当，比以前的预测要重 1/3 左右。卡尔研究团队成员、美国哈佛大学史密森天文物理学中心科学家马克·里德认为，"从此，我们不再认为银河系只是仙女座星系的小妹妹"。

天文学家们认为，这次碰撞将会在未来的 70 亿年之内出现。太阳耗尽最后一丝能量之日，差不多也就是两个星系的碰撞之时。在发生碰撞时，恒星和行星应该不会发生碰撞。相反，星系碰撞后会相互融合，形成一个新的更大的星系。英国剑桥大学天文研究所格里·吉莫尔介绍说，"两者会戏剧性搅和、黏合在一起，最后所有恒星都将死亡，新星系变成一个巨大的死亡星系。目前尚不清楚两者是否会正面相撞"。如果是侧向碰撞的话，还将可能会引起进一步的碰撞。整个碰撞过程可能会持续数百万年时间。根据吉莫尔的说法，这项研究不仅仅提前了银河系死亡的时间，而且还对暗物质研究提供了新的依据。研究发现，银河系中心的暗物质比天文学家们早期的预测要冷得多、密得多。

研究人员们还表示，一旦确定了银河系旋转速度，那么最终控制这一速度的复杂公式便可确定银河系中所有暗物质的质量。暗物质是我们肉眼所看不到的，但却是迄今为止宇宙中数量最多的物质。所以，这意味着银河系的质量是天文学家以前估计的 1.5 倍。美国加州大学洛杉矶分校天体物理学家马克·莫里斯说，最新发现意义重大，但并不是有关银河系大小的最终结论。莫里斯没有参加雷德的这项研究。体积更大还意味着银河系和仙女座之间的引力更加强烈。据雷德介绍，天文学家长期预测的银河系和仙女座星系之间的碰撞可能发

生得更早，同时侧面碰撞的可能性更小，然而不用担心，毕竟银河系与仙女座相撞至少是几十亿之后的事了。

如果银河系果真和其他星系发生碰撞，那时候人类可能会仍然存在，他们将看到一个未来完全不同的天空景象。狭长的银河系将会消失，取而代之的是一个由数十亿颗星球组成的巨大隆起。

探秘昴宿星团

昴宿星团，简称昴星团，又称七姊妹星团，梅西尔星云星团表编号 M45，是一个大而明亮的疏散星团，位于金牛座，裸眼就可以轻易地看见，肉眼通常见到有六颗亮星。昴星团的视直径约 2°，形成斗状。成员星数在 200 个以上，是一个很年轻的星团。昴星团也是一个移动星团。

昴宿星团的云气是最接近地球的星云之一，并且可能是最著名的。它有时被称为玛瑶女神的星云

这群以蓝色高温恒星为主的星团是在最近的 1 亿年形成的，由微量的灰尘形成的反射星云围绕在最亮星的附近，起初被认为是星团形成时留下的，但是现在知道只是目前正在经过、与星团无关的尘埃云。天文学家估计这个星团大约可以再存在 2 亿 5 千万年，之后就会被银河系的引力扯碎，散布在邻近的星空之中。

由于昴星团距离黄道较近（只差4度），星团被月亮掩食的现象会经常发生：这是非常吸引人的奇景，尤其对于那些只拥有廉价器材的爱好者来说（事实上，用肉眼就可以观测它，不过即是最小的双筒镜或者望远镜都会增加

观测的乐趣——1972年3月的月掩昴星团是笔者首次业余天文观测经历之一）。这样的现象可以形象地说明月亮与这个星团之间的相对大小：Burnham指出月亮可以被"塞进"由昴宿六、昴宿一、昴宿五和昴宿二组成的四边形内（在这种情况下，昴宿四，甚至昴宿三都会被月亮挡住）。同样，行星也会运行到昴星团附近（金星，火星和水星甚至偶尔会从其中穿过），展示出壮丽的景象。

长久以来，人们就知道昴宿集团是一个彼此相关的星群，而非正巧在同方向上。在1767年，牧师约翰·米契尔就已经计算过如此多的亮星出现在同方向上的概率只有 50 万分之一，并且因而认定昴宿星团和许多其他的星团都是彼此间在物理上有关联的。首度研究恒星的自行时，它们被发现都以相同的速率、向着相同的方向移动，

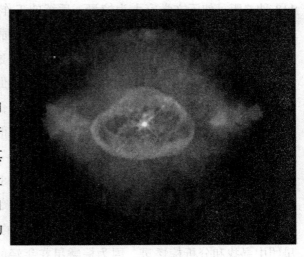

横越过天空，这进一步的显示它们是有关联的。梅西尔测量包括 M45 在内的一些星团的位置，编制成类似彗星的天体目录，在 1771 年发行。因为多数的梅西尔测量的天体都是昏暗、类似彗星而被混淆的天体，似乎没理由列入昴宿星团，所以梅西尔可能因为觉得奇特而收录了昴宿星团，一起收录的还有猎户座星云、蜂巢集团。还有一个原因可能就是梅西尔只是单纯的希望他的目录能比对手卡伊的更为庞大——在1755年发行，收录了42个天体，所以梅西尔家兔了几个明亮的、众所周知的天体在它的目录中。

在被称为宇宙距离的阶梯上，昴宿星团的距离是很重要的第一步，依序完成整个宇宙的一系列距离标尺。第一步的大小是校准整个阶梯的基础，因此使用了许多方法来测量第一步的标尺。由于昴宿星团是如此的靠近地球，相对的，它的距离也很容易测量。正确的距离知识，允许天文学家使用赫—罗图来测量

星团的距离，与距离已知的星团比较图形，就可以估计待测量星团的距离。其他的方法可以延伸测量的距离从疏散星团、星系乃至于星系团，宇宙距离的阶梯就被建构起来了。对昴宿星团距离的认知，最终可以影响到天文学家对宇宙年龄的理解和未来的演变。

在依巴谷卫星发射之前，一般认知的昴宿星团与地球的距离是 135 秒差距。依巴谷卫星利用星团中恒星视差———一种直接和准确的技术，测量的结果是 118 秒差距，使天文学家大为惊讶。后续的工作发现依巴谷卫星对昴宿星团距离的测量是错误的，但是并不知道发生错误的原因。目前认为昴宿星团距离的上限值大约是 135 秒差距（相当于 440 光年）这个星团的半径大约是 8 光年，而潮汐半径达到 43 光年。虽然未能排除联星，但统计星团中被证实的成员已经超过 1000 颗。它们主要是年轻、高温的蓝色星，依据观测环境的不同，裸眼最多能看见 14 颗亮星。最明亮的恒星排列有些类似于大熊座和小熊座，星团的总质量估计大约是太阳质量的 800 倍。

星团内有许多棕矮星——质量低于太阳的 8%，在核心没有足够的温度和压力引发和融合成为真正的恒星。它们的数量大约占星团成员的 25%，但质量却低于总质量的 2%。天文学家已经尽了最大的努力在昴宿星团和其他年轻的星团中寻找和分析棕矮星，因为棕矮星在年轻的星团中还算明亮和容易观测，而在较老的星团中都已经黯淡而更难以研究。

目前在星团中也发现了一些白矮星，但星群中正常的年轻恒星还没有达到可以期望演化成白矮星的年龄，因为这个过程通常需要几十亿年的时间。一般相信，这不是由单一的低或中质量恒星演化过来的，这些白矮星的前身一定是联星系统中的大质量恒星。大质量恒星在快速的演化中将质量传输给伴星，结果使演化成为白矮星的脚步加快，但是这个过程的细节还需要对深奥的重力有更多了解，才能更确实地解释作用的机制是经由星团和恒星演化理论模型的比较得出的，从赫—罗图可以估计出星团的年龄。使用这种技术，估计昴宿星团的年龄为 7500 万至 1 亿 5000 万年。在估计年龄上的扩散度是恒星演化模型不确定的结果，特别是模型中包含了所谓的对流过冲（对流超射）现象。这是恒星内部的对流层是否击穿非对流层的现象，结果可能使年龄显得较高。

另一种估计星团年龄的方法是搜寻低质量的恒星。一般主序带上的恒星，锂在核融合反应中会很快地被摧毁，因为它的燃烧点只有 250 万 K，而质量最大的棕矮星最后会将锂摧毁。因此测量星团内质量最高的棕矮星是否有锂的存在，可以估计出星团理想的年龄。使用这种方法估计的昴宿星团年龄是 1 亿1500 万岁。

　　星团的相对运动最终将推导出它们的可能的位置，从地球观察未来数千年昴缩星团的位置，它将会经过目前猎户座的脚下。同样的，像多数的疏散星团一样，昴宿星团的没有足够的引力维系整个集团，当它与其他的集团接近或遭遇时，有些成员可能会被潮汐的重力场抛射出去。计算的结果认为在 2 亿 5000万年后，昴宿星团将会因为与巨分子云的重力交互作用而消失，而且银河系的螺旋臂也会加速它的崩溃。

　　在理想的观测条件下，有些迹象显示云气只是在星团的附近，特别是在长期曝光的照片中。这只是一个反射星云，因为尘埃反射高温、年轻恒星的光而呈现蓝色。

　　这些尘土以前被认为是形成星团时残留的，但是星团通常需要大约 1 亿年才能形成，因此当初的尘土早就该被辐射压驱散了。换言之，很单纯的只是星团行经一处星际物质较为多的区域造成的现象。

　　研究显示，这些尘土的分布是不均匀的，并且在视线方向上是沿着星团行经的路径分为主要的两层。这些层次也许是因为尘土向着恒星移动时，受到辐射压力而减速造成的。

碰撞造成的车轮星系

哈勃太空望远镜拍摄的图片中，显示出一个非常壮观景象，5亿光年远处的玉夫座里两个星系发生了正面相撞，形成这个车轮般的星系结构。这个环状结构是一个小星系侵入一个类似我们银河系的普通螺旋星系造成的，它直接击中，并贯穿了主星系的核心，就如一颗石头投入湖中，充满能量的冲击波迅速传入空间，产生的气体和尘埃以极高的速度扩散，这场宇宙海啸引发了较脆弱的恒星的爆发，同时促使炽热浓密的星云物质形成新的恒星，使这个巨大的环犹如一圈爆竹。

星系团是什么

相互间有力学联系的、由星系、气体和大量的暗物质在引力的作用下聚集而形成的庞大的天体系统称为星系团（cluster of galaxies）或星系群。

星系团包含的星系数相差很大，少的只有十几个星系，多的可达数千。通常把成员星系数较少（十几个到几十个）的星系团称为星系群。星系团的线直径相差不大，平均约为500万秒差距。其中的每一个星系称为星系团的成员星系。有时候把成员数目较少（不超过100个）的星系团称为星系群。

目前已发现上万个星系团，距离远达70亿光年之外。至少有85%的星系是各种星系群或星系团的成员。小的星系团如本星系群由银河系以及包括仙女星系在内的 40 个左右大小不等的星系组成。大的星系团如后发星系团有上千个比较明亮的成员星系，如果把一些暗星系也包括进去，总数可能上万。但像这一类范围大、星系众多的星系团是不多的。平均而言，每个星系团团内的成员数约为 130 个。有时又称成员数较多的星系团为富星系团，但贫、富的划分标准也是相对的。尽管不同星系团内成员星系的数目相差悬殊，但星系团的线直径最多相差一个数量级；平均直径约为 500 万秒差距。

1. 星系团运动特征

星系团的运动特征可以从两个方面，即从整个团的视向运动和团内各成员星系间的随机性相对运动来认识。

星系团作为整体的视向速度同星系团的距离满足哈勃定律，即距离越远视向速度越大。例如较近的室女星系团我们约 19 百万秒差距，视向速度为 1180 千米/秒；而长蛇Ⅱ星系团离我们约有 1000 百万秒差距，视向速度则高 60 000 千米/秒。

一个星系团内不同成员星系间的相对运动情况可用速度弥散度来表示。一般说来，随着星系团的范围的扩大和成员数的增加，速度弥散度也就越来越大。小星系团的速度弥散度为 250～500 千米/秒；大星系团的速度弥散度高达 2000 千米/秒。星系团速度散度的研究具有重要的意义。一方面我们可以根据速度弥散度，利用维里定理来估算团内每个星系的平均质量；另一方面，对星系团内部运动的研究又与探索星系团的稳定性问题密切相关。

2. 目前对这一问题有两种相反的看法

一种认为整个星系团的能量是负的，因而星系是一种稳定的天体系统；另一种看法认为，星系团内星系成员的速度弥散度很大，整个系统的能量是正的，因此它们是不稳定的，整个团正处在膨胀、瓦解之中。

室女座星系团

室女座星系团（Virgo Cluster）是一个距离在（59±4）百万光年 [（18.0±1.2）百万秒差距]，位置在室女座方向上的星系集团，拥有约 1300（也可能高达 2000）个星系，组成更巨大的本超星系团的心脏部分，而我们银河系所在的本地群只是这个集团的外围成员。估计这个集团的中心 8°半径（约 220 万秒差距）范围内的质量大约是 $1.2 \times 10^{15} M$。

这个集团中较明亮的一些星系，包括巨大椭圆星系 M87，都在 17 世纪 70 年代末至 80 年代初被梅西尔收录在他的类似彗星天体的目录中。它们最初被形容为"不含恒星的星云"（nebulae without stars），直到 19 世纪 20 年代人们才认清它们的真正本质。

这个星系集团的中心部分在室女座中延伸的弧度长达 8°，其中有许多星系都能用小望远镜看见。

这个集团中的螺旋和椭圆星系的分布相当均匀，在 2004 年，这个集团中的螺旋星系被认为是分布在一个长度扩展为宽度 4 倍的长方形细丝上（从银河系看过去）。椭圆星系则比螺旋星系较为集中在中心。

这个星系团被认为至少分成三个次集团，分别以 M87、M86 和 M49 为各自的中心。三个次集团之中，以包含 M87 的次集团占有星系团最大比重的质量，拥有大约 10^{14} 个太阳质量。有许多星系的速度相对于星系团中心的速度高达 1600 千米/秒，由这么高的奇特速度显示出这群星系拥有更大的质量。

室女座星系团位于本超星系团之中，它的重力影响减缓了邻近星系的速度。这个集团巨大的质量大约减缓了本地群 10% 的退行速度。

"恒星圈" 与 "恒隐圈"

在地球上不同纬度的地区，所能看到的星座是不一样的。对于某一地点，有些星座是永远也看不到的；反过来呢，有些星座在那儿一年四季都看得见。对于一个地方来说，到底哪些星座能看到，哪些星座看不到呢？

这里有一个小窍门，假设一个地点的纬度是 φ，那么赤纬小于 $-(90°-\varphi)$ 的天体在这里就永远看不到。反之，凡是赤纬大于 $(90°-\varphi)$ 的天体，在这里就总能看到。因此，在天文学上，赤纬 $(90°-\varphi)$ 称为这一地区的 "恒显圈"，而赤纬 $-(90°-\varphi)$ 叫做该地区的 "恒隐圈"。

比如在北京，赤纬 50° 就是北京地区的 "恒显圈"，位于赤纬 50° 以上的星星老是在天上，永远也不会落到地平线下面去。而赤纬 −50° 叫做北京地区的 "恒隐圈"，位于赤纬 −50° 以南的星星在北京就永远也看不到。

而在赤道上（纬度为 0°），即使赤纬是 +90° 和 −90° 的天体也能看到。也就是说，赤道上没有 "恒隐圈"，在赤道上各个位置的天体都看得见。反之，在地球的南北两极，则始终只能看到半个天空，另一半天空永远看不到，这两处拥有地球上最大的 "恒隐圈"。

"星等" 是什么意思

　　"星等" 是天文学上对星星明暗程度的一种表示方法，记为等（m）。天文学上规定，星的明暗一律用星等来表示，星等数越小，说明星越亮，星等数每相差1，星的亮度大约相差2.5倍。我们肉眼能够看到的最暗的星是6等星。天空中亮度在6等以上（即星等数小于6），也就是我们可以看到的星有6000多颗。当然，每个晚上我们只能看到其中的一半，3000多颗。满月时月亮的亮度相当于–12.6等（在天文学上写作–12.6m）；太阳是我们看到的最亮的天体，它的亮度可达–26.7等；而当今世界上最大的天文望远镜能看到暗至24等的天体。

　　我们在这里说的"星等"，事实上反映的是从地球上看到的天体的明暗程度，在天文学上称为"视星等"。太阳看上去比所有的星星都亮，它的视星等比所有的星星都小得多，这只是沾了它离地球近的光。更有甚者，像月亮，自己根本不发光，只不过反射些太阳光，就俨然成了人们眼中第二亮的天体。天文学上还有个"绝对星等"的概念，这个数值才真正反映了星星们的实际发光本领。

"变星" 的概念

凡是能够观测到亮度变化的恒星，都称为变星。变星主要分为造父变星和食变星两类。

食变星实际上是双星系统造成的，两颗星彼此绕着对方旋转，其轨道面恰好和它们与地球的连线平行。这样，当比较暗的一颗星转到比较亮的那颗星和我们地球之间的时候，就把亮星的光遮住了一部分，于是总的亮度就减退了。当这颗暗星转到亮星的一旁或后面，不再遮光的时候，系统又恢复了最大观测亮度。这类变星的代表是英仙座的大陵五。

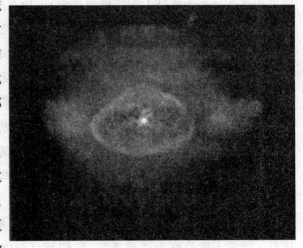

另一类变星的变光现象，确实是由它自己造成的，如仙王座的造父一。天文学家发现，造父一的直径是我们太阳的 30 倍，约 4000 万千米。它就像人体的心脏一样，总在不停地搏动——膨胀与收缩，直径前后相差达 500 万千米。膨胀时它的亮度就减弱，收缩时亮度就增加，搏动的周期也就是它亮度变化的周期。像造父一这样由于体积的变化导致的变光称为"脉动变星"。有些脉动变星的变光周期与它的亮度有严格的对应关系，利用这一点，天文学家就可以确定它与地球之间的距离，因此这类变星又有"量天尺"之称。

"星云"与"河外星系"

宇宙空间的很多区域并不是绝对的真空，在恒星际空间内充满着恒星际物质。恒星际物质的分布是很不均匀的，其中宇宙尘埃物质密度较大的区域（此密度仍然远远小于地球上的实验室真空），所观测到的是雾状斑点，称为星云。

星座介绍部分涉及的星云类型，主要是"亮星云"和"暗星云"两种。星云本身并不能发光，所以"亮星云"其实是借助别人的力量才"发"光的。假如一片星云附近有一颗恒星，那这个星云就能反射恒星发出的光而显出光亮来，这就像月亮反射太阳光一样，这样的亮星云我们称之为反射星云；还有一类星云，在它们中间有一颗恒星，星云吸收恒星的紫外辐射，再把它转变为可见光发射出来，这样我们也能看见这个星云，这样的亮星云叫做发射星云。如果在一个星云附近和中央都没有恒星，那这个星云我们就不能看到，这样的星云我们就叫它暗星云。

河外星系（例如室女座和后发座的河外星系），指的是银河系之外的其他星系，通常干脆简称为"星系"，它们都是与银河系属于同一量级的庞大恒星系统。河外星系一般用肉眼看不见，就是通过一般望远镜去观察，也还是一片雾气，简直跟星云一样。所以以前人们一直把它们也当做星云，称为河外星云。后来经过深入的研究，天文学家才发现二者完全是两码事：河外星云实际上是和我们银河系类似的星系，而上面所说的真正的"星云"，都是我们银河系的内部成员，是由气体和尘埃组成的。因此，现代天文学再也不用"河外星云"这个词了，而一律改称"河外星系"。

在室女星座里有一个星系，名叫 M87，它是一个椭圆星系，而且是现在已经知道的所有椭圆星系中质量最大的一个。

　　在这个星系的照片上，可以看到一根亮亮的长条核心延伸出去，长条的长度有 5000 光年。在这根长条上有三团比较亮的和三团比较暗的物质，都是从 M87 的核心抛射出来的。这几团物质的质量差不多都有小的星系那么大。后来又发现，在与这根长条正好相反的方向上，还有一根比较短的亮条。亮条上也有两个比较小的团块顺着这根短亮条的方向再往前，还有六七个小星系排成一串。所有这些，很可能也都是从 M87 的核心抛射出来的，都是那只"老母鸡"下的"蛋"。

　　怎么解释这些现象呢？原来，M87 的核心发生了一次爆发。爆发是沿着两个相反的方向进行的，大量的物质源源不断地被抛射出来，速度很大，形成那两根亮条，在照片上看来就像火焰从喷灯嘴里喷出来一样。这种壮丽的景象就叫做"宇宙喷灯"。

　　一个大星系的核心爆发，抛出来的物质多到可以形成几个小星系，你就可以想象出这场爆发是多么厉害了。一个星系核心爆发放出来的能量，比起太阳从诞生到现在这 50 亿年中总共放出的能量，还要强 100 亿倍！星系核心的爆发比超新星爆发厉害多了，是宇宙中最雄壮最猛烈的物质运动现象。星系 M82 的核心，大约在 150 万年前有过一次爆发，抛出了 560 万个太阳那么多的物质，放出来的能量比一亿亿亿亿颗氢弹爆炸还厉害。它现在的气体喷射，就是那场大爆发过后的残余活动，好像是炸药爆炸后弥漫的硝烟一样。

　　还有一个名叫 NGC5128 的星系，它看上去被一条很宽的黑带子拦腰横穿过去分成了两个半圆块。这真是个奇怪的现象，有的天文学家猜想，可能是那个星系裂开成了两半。要真是这样，那就说明它的核心活动已经不只是向外面抛射物质，而是演变到这样剧烈的地步，把整个星系都炸分了家。我们太阳系所在的银河星系，直径是 10 万光年，中心部分的厚度为 1.5 万光年左右。在银河

系的中心区域，恒星的数目多极了，比我们太阳的附近要密 100 万倍。天空中除了太阳外，最亮的恒星是天狼星。在银河中心区，像天狼星那样明亮的星，有 100 万颗。

在恒星分布得这么密的地方，它们之间互相碰撞是常常会发生的。所以，银河系中心是个很危险的区域，那里是不可能有人或者其他生命的。即使曾经有过，也很快就被恒星的碰撞给毁灭掉了。

在银河系的历史上，它的核心也曾经发生过比较激烈的爆发。那是在 1300 万年前开始的，一直继续了大约 100 万年的时间，从核心不断地抛出了大量的物质。直到今天，还能观察到一些那次抛出来的气体云。它们正在向银河系外面飞去，速度是每秒钟 100 千米左右。其中有一团气体云，现在正好朝着我们的太阳飞过来。不过，你别担心它会撞上太阳。它飞得不快，飞了 1300 万年，还没有一半路程，离太阳还远着呢！

宇宙就是这样不停地在运动，不断地在变化、爆发、分裂、组合，再爆发、再分裂、再组合……静止，只是在变化和分裂的在背景下的相对的现象，从宇宙的时间观念说，地球的存在、太阳的存在也不过是宇宙大运动中的暂时的现象，地球文明，将来是无法在地球上永久保存和发展的，这就是人类为什么从现在开始就孜孜不倦地向宇宙探索的原因。其价值，只有在太阳逐渐熄灭，地球变为冰球的那一天，才能为全体人类所真切感受。

银河外的星系

在广袤无垠、浩瀚辽阔的宇宙海洋中，肉眼所见的天体，绝大多数是银河系的成员，那么，银河系就是通常所说的宇宙吗？远远不是！在宇宙中存在着数以亿计的星系，我们的银河系只是一个普通的星系，银河系以外的星系称为河外星系，简称星系，因此，银河系并不是宇宙，它只是宇宙海洋中的一个小岛，是无限宇宙中的很小的一部分。

据天文学家估计，在银河系以外约有上千亿个河外星系，每个星系都由数万乃至数千万颗恒星组成。河外星系有的是两个结成一对，多的则几百以至几千个星系聚成一团。现在观测到的星系团已有 1 万多个，最远的星系团距离银河系约 70 亿光年。

河外星系的外形和结构多种多样。1926 年，哈勃按星系的形态，把星系分为椭圆星系、旋涡星系和不规则星系三大类。后来又细分为椭圆、透镜、旋涡、棒旋和不规则星系五个类型。各类星系中，距离银河系较近的星系有麦哲伦云星系和仙女座星系。

麦哲伦云星系，包括大麦哲伦云和小麦哲伦云两个星系，它们是银河系的两个伴星系，也是离银河系最近的星系，距离银河系为16万光年和 19 万光年。它们在北纬20°以南的地区升出地平面，是南大银河附近两个肉眼清晰可见的云雾状天体。大麦哲伦云星系在剑鱼座和山案座，张角约 6°，相当于 12 个月球视直径，小麦哲伦云星系在杜鹃座，张角约 2°，相当于 4 个月球视直径。两个星系在宇宙上相距约 20.5 万光年。

关于河外星系的发现过程可以追溯到 200 多年前。初冬的夜晚，熟悉星空的人可以在仙女座内用肉眼找到它——一个模糊的斑点，俗称仙女座大星云。

从 1885 年起，人们就在仙女座大星云里陆陆续续地发现了许多新星，从而推断出仙女座星云不是一团通常的、被动地反射光线的尘埃气体云，而一定是由许许多多恒星构成的系统，而且恒星的数目一定极大，这样才有可能在它们中间出现那么多的新星。如果假设这些新星最亮时候的亮度和在银河系中找到的其他新星的亮度是一样的，那么就可以大致推断出仙女座大星云离我们十分遥远，远远超出了我们已知的银河系的范围。但是由于用新星来测定的距离并不很可靠，因此也引起了争议。直到 1924 年，美国天文学家哈勃用当时世界上最大的 2.4 米口径的望远镜在仙女座大星云的边缘找到了被称为"量天尺"的造父变星，利用造父变星的光变周期和光度的对应关系才定出仙女座星云的准确距离，证明它确实是在银河系之外，也像银河系一样，是一个巨大、独立的恒星集团。因此，仙女星云应改称为仙女星系。

河外星系之麦哲伦云星系

麦哲伦云星系是由阿拉伯人和葡萄牙人首先发现的。1521 年，葡萄牙著名

航海家麦哲伦在环球航行时，第一次对它们作了精确描述，后来就以他的名字命名。1912年，美国天文学家勒维特发现小麦哲伦云星系的造父变星的周光关系，赫茨普龙和沙普利随即测定了小麦哲伦云星系的距离，成为最早确定的河外星系。两星系之间存在着微弱联系，但它们自存一个系

统。大麦哲伦云星系从前离我们可能更近一些，大约在 5 亿年前，它也许恰好挨着我们的银河系，距离银河系中心只有6.5万光年。小麦哲伦云中一个恒星形成区域的中心。刚刚形成的明亮蓝色恒星驱散了那里的气体尘埃，在星云中吹出了一个巨大的空洞。

大麦哲伦云星系属棒旋星系或不规则星系，质量为银河星系的1/20。小麦哲伦云星系属不规则星系或不规则棒旋星系，质量只及银河系的1/100。麦哲伦云星系中的气体含量丰富，中性氢质量分别占它们总质量的9%和32%，都比银河系大得多。但它们的星际尘埃含量却比银河系少，而年轻的星族 I 的天体则很多，有大量的高光度O-B 型星；此外，还观测到新星、超新星遗迹，X 线双星等天体。射电资料表明，大小麦哲伦云星系有一个共同的氢云包层；两云之间的中性氢纤维状结构，一直伸展到南银极天区，横跨半个天球，称为麦哲伦气流。它们和银河系有物理联系，三者构成一个三重星系。

由于麦哲伦云星系距离我们太遥远，对它们的范围现在还没有一个精确的数字。估计大麦哲伦云星系的直径可能达到 4 万光年，接近银河系的一半。麦哲伦云星系的恒星分布密度比银河系低得多。大麦哲伦云星系的恒星总数可能不超过50 亿~100 亿个；小麦哲伦云星系则只 10 亿~20 亿个。两星系的恒星数量加在一起，只及银河系的1/10。因此，有人把它们说成是银河系的两个卫星。

河外星系之仙女星系

仙女星系，又称仙女座大星云。它们肉眼可以看见，亮度为4度，看上去像是一颗暗弱、模糊的星系。仙女座星系是位于仙女星座的巨型旋涡星系，天球坐标是赤经00h 42m 44s，赤纬+41°16′04.2″。视星等 Mv 为 3.5 等，肉眼看去状如暗弱的椭圆小光斑。在照片上呈现为倾角 77° 的 Sb 型星系，大小是 160′

×40′，从亮核伸展出两条细而紧的旋臂，范围可达245′×75′。1786 年确认为银河系之外的恒星系统。现在测定它的距离为 220 万光年（670 千秒差距）。直径是 16 万光年（50 秒差距），为银河系的两倍，是本星系群中最大的一个。近年来发现，仙女座星系成员的重元素含量从外围向中心逐渐增加。1914 年探知它有自转运动。

仙女星系中心有一个类星核心，绝对星等级 Mv = −11，直径只有 25 光年（8 秒差距），质量相当于 10^7 个太阳，即一立方秒差距内聚集 1500 个恒星。类星核心的红外辐射很强，约等于银河系整个核心区的辐射。但那里的射电却只有银河射电的 1/20。仙女星系有两个矮伴星——NGC221（M32）和 NGC205，按形态分类分别为 E2 和 E5。P 在本星系群中，仙女星系还和其他星系构成所谓仙女星系次群。

旋涡星系又叫旋涡星云，是旋涡形状的河外星系。旋涡星系的中心区为透镜状，周围围绕着扁平的圆盘。从隆起的核心球网端延伸出若干条螺线状旋臂，跌回在星系盘上。旋涡星系可以分正常旋涡星系和棒旋星系两种。按哈勃分类，正常旋涡星系又分为 a、b、c 三种次型；S 型中心

区大，稀疏地分布着紧卷旋臂 S 型中心区较小，旋臂较大并较伸展；S 型中心区为小亮核，旋臂大而松弛。除了旋臂上集聚高光度 O、B 型星和超巨星、电离氢区外，同时还有大量的尘埃和气体分布在星盘上，从侧面看去，在主平面上呈现为一条窄的尘埃带，有明显的消光现象。旋涡星系通常有一个笼罩整体的、结构稀疏的晕，叫做星系晕。其中主要的星族 II 天体，其典型代表是球状星团。一个中等质量的旋涡星系往往有 100～300 个球星团，不均匀地散布在星系盘周围空间。再往外，可能还有更稀疏的气体球，称为星系冕。旋涡星系向质量（M）为 109～1011 个太阳质量，对应的光度是绝对星等–15～–20 等。

仙女座星系是距离我们银河系最近的大星系。一般认为银河系的外观与仙女座大星系十分很像，两者共同主宰着本星系群。仙女座大星系弥漫的光线是由数千亿颗恒星成员共同贡献而成的。几颗围绕在仙女座大星系影像旁的亮星，其实是我们银河系里的星星，比起背景物体要近得多了。仙女座星系又名为

M31，因为它是著名的梅西耶星团星云表中的第 31 号弥漫天体。M31 的距离相

当远，从它那儿发出的光需要 200 万年的时间才能到达地球。星云中的恒星可以划分成约 20 个群落，这意味着它们可能来自仙女座星系"吞噬"的较小星系。

第四章
太阳和太阳系

地球上的生命都依赖着太阳，它提供了生命的能量。人类的生存也离不开太阳，这已经是当前的科学共识。但是，我们了解太阳吗？我们知道它正在发生怎样的变化吗？如果没有它，人类的命运……

绕太阳运行的神秘天体

英美科学家们惊奇地发现，已飞行很久的"先锋10号"宇宙探测器竟给他们带来一个令人振奋的消息：一个新的天体正围绕太阳运行。

观测者们还没有见到这一天体，但他们坚信它的存在，因为"先锋10号"的轨道因它发生了变化！

据悉，如果这一发现属实，那它将成为因重力这一唯一原因而被发现的太阳系中的第二颗行星。第一次是1846年海王星的发现：科学家在1787年发现了天王星，后来发现天王星的轨道十分异常，从而发现了对其具有引力的海王星。

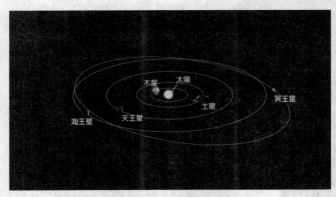

这颗新星是由英美天文学家组成的小组发现的，它很可能就是所谓的"Kuiper 带"天体。而"先锋10号"的轨道数据则来自英国宇航局"深度空间"网络，这一网络是由一系列大型射电望远镜构成，目的是为了观测太空深远处的情况。

早在1992年12月8日，那时"先锋10号"已飞离地球84亿千米，该天文小组就发现探测器的飞行轨道出现偏差，他们一直在研究这一现象，希望找出原因。直到最近，在经过多种方法分析研究"先锋10号"发回的数据后，他们才肯定了自己的推论：即太阳系又有了新成员。

他们力图计算出此天体可能达到的最远距离以及具体位置。他们初步预计，此天体是在撞上一大行星湖而被抛到太阳系边际的。该天文小组的一位英国博士称："我们对这一发现欣喜若狂，它真是天文学上一个极好的标志性事件！"

据称，这一天体可能是在茫茫宇宙中已知的数百个围绕太阳运行的天体中的一个，它们大都是由冰及岩石构成，且远在冥王星之外。这些天体在行星大家族中属于小字辈，直径仅有几百千米，但天文学家相信，有几百万个这种小行星在围绕太阳运行，并形成一条庞大的"星带"。1992年，天文学家发现了第一个这类天体。

1972年3月，"先锋10号"被发射升空，它是第一个要穿过火星及木星间的小行星带，飞向更远太空的探测器。但天文学家无法知道，它是否能安全闯过这一地段。

"先锋10号"也是第一个到达气体行星——木星的探测器。随后，它又成功飞离太阳的行星系统。虽然它还未进入星际领域，但这已开了太空探测器的先河。

在"先锋10号"飞了25年后，虽然它仍在发回信息，1997年美国宇航局还是暂停了对它的监控。

探秘太阳的"家族"

谜之一：水星如何诞生？太阳系由八大行星组成。其中水星、金星、地球、火星，是以岩石为主要成分的"地球型行星"；木星、土星、天王星及海王星，是大量气体包围的"木星型行星"。

最靠近太阳的行星是水星，它是如何诞生的呢？有两种说法：一是由于水星最靠近太阳，科学家认为水星是在原始太阳系星云中的高温区域，由凝固的金属铁及其他富含材料物质堆积而成；二是水星是在巨大的原始行星互相碰撞的时候，由彼此的金属铁融合而成。

谜之二：金星为什么灼热？金星的大小和地球最接近，两颗行星的内部构造可能也很相似。但根据探测船和雷达观测，金星是一个灼热的世界，如同炼狱，表面笼罩着二氧化碳的浓厚大气。地表温度达450℃左右，是地球地表温度的30倍。

由于金星靠近太阳，当太阳能量上升之后，金星上的水化为气体释出到大气中。这时，原本溶于海中的二氧化碳也积存于大气中，引发强烈的温室效应，导致地表温度暴增。

谜之三：月球离地球越来越远？月球目前距离地球大约60倍地球半径。但是，由于在地球和月球之间的潮汐力的影响，月球正以每年约3厘米的速度慢慢离地球远去。另一方面，地球的自转速度也逐渐变慢。也就是说，以前月球比现在更靠近地球，而地球的自转速度比现在更快。证据就在科学家发现的"二枚贝"化石上。二枚贝的成长速度会随着潮汐的涨落而变化，一边成长一边形成树木年轮一样的条纹，条纹数量和宽度依潮汐的大小而异。根据这些条纹数量和宽度，科学家发现，大约5亿年前，地球一天只有21小时，1年有

410 天。

谜之四：真的有火星人吗？1996 年 8 月美国航空太空总署研究小组发表研究成果说火星曾有生命存在，证据是掉落在南极大陆的火星陨石。

研究小组在陨石中的碳酸盐部分检测出有机物，推断远古时代的火星，应该像 30 多亿年前的地球。那时地球已有生命，因此不能否定火星曾有生命的可能性。

谜之五：木星为什么有大红斑？地球人观测位于木星南半球的大红斑，已经有 300 多年了。大红斑差不多有两个地球那么大。

大红斑是反时针旋转的高度压云形成的巨大旋涡。它之所以呈现红色，是因为云下层的磷化氢被搬运到上空，受到太阳紫外线照射而转化为磷的缘故。大红斑是如何形成的呢？目前科学家还不清楚。

谜之六：气体行星为什么有环？木星、土星、天王星、海王星全部有环，各不相同。木星的环又薄又暗，由岩石粒子构成；土星的环又大又亮，由水冰构成。环的成因，有几种不同的说法。其中一种是：过去存在的卫星或彗星被行星的潮汐力破坏，分裂成小碎片，有的碎片进入环绕行星公转的轨道，因而形成了环。

谜之七：冥王星以外有什么？以前有人主张，冥王星以外可能有第十颗行星。

1992 年夏天，科学家发现冥王星轨道外面有一颗直径 250 千米左右新天体，接着 41 颗轨道长半径大于海王星的天体陆续现身。

此外，1950 年，天文学家欧特统计了当时已经观测到的周期彗星的轨道，结果发现绝大多数周期彗星都是从距离太阳几万 AU（天文单位）的地方全方位飞来，可能有一个呈球壳状包住太阳系的彗星巢。整个彗星巢叫做

"欧特云"。

谜之八：太阳系尽头在哪里？科学家说，太阳会喷出高能量带电粒子，称为"太阳风"。太阳风吹刮的范围一直达到冥王星轨道外面，形成一个巨大的磁气圈，叫做"日圈"。日圈外面有星际风在吹刮，但是太阳风会保护太阳系不受星际风侵袭并在交界处形成震波面。

日圈的终极境界叫做"日圈顶层"，这就是太阳所支配的最远端，可以把这里视为太阳系的尽头。

至于日圈层顶距离太阳有多远？它的形状如何？"航海家 1 号"和"航海家 2 号"已分别飞到距离太阳 66AU 和 51AU 的地方，希望日后能够揭开太阳系最远的面貌。

太阳热量的来源

太阳表面的温度在 6000℃左右。炼钢炉里面的温度一般只有 1700℃，还不到太阳表面温度的 1/3。太阳表面的所有物质都是电离的"等离子体"，太阳中心的温度据推算为 2000 万℃以上。所以说太阳是个超大超高温的火球。太阳每秒钟散发出来的热量为 380 亿亿亿焦耳，相当于地球上每平方千米爆炸 180 个氢弹的能量。而我们地球只得到了太阳能量的二十二亿分之一，就可以造福苍生了。

太阳为什么会有这么高的温度呢？它的能量来自哪里呢？美国物理学家、天文学家贝蒂提出了太阳能源的正确理论，指出太阳能源来自太阳内部的热核聚变。太阳内部充满了氢原子，它们在高温高压下发生激烈的碰撞，其中较轻的氢原子核形成较重的氦原子核，同时释放出大量的能量。这个过程就是"热核聚变"。

太阳上到底有多少种元素

　　1868 年 8 月 18 日，印度发生了一次日全食。法国经度局研究员、米顿天体物理天文台台长詹森为了抓住这千载难逢的观测机会，特意带着他的考察队专程赶往印度观测，希望弄清日珥现象产生的原因。他在观测日全食时发现太阳的谱线中有一条黄线，并且是单线。而钠元素的谱线是双线，所以詹森肯定它不是早就发现的那种钠元素，第二天的观测也证实了这一点。

　　詹森把太阳中存在又一新元素的重大发现写信通知了巴黎科学院，1868 年 10 月 26 日这一天，詹森收到了另一封内容相同的信，那是英国皇家科学院太阳物理天文台台长洛克耶寄来的。两个著名科学家不约而同地发现，使人们确认了这是一个新元素。这就是在地球上发现的第一个太阳元素——氦。后来，人们在地球上也发现了氦元素。

　　在 1869 年和 1870 年，科学家们又进行了两次日全食观测，人们又发现了一条绿色的谱线，天文学家们证实这也是一种新元素，并给它命名为"氪"，但这个元素后来没有被列入化学元素周期表。瑞士光谱学家艾德伦经过70多年的研究，发现"氪"不过是一种残缺的铁原子——铁离子。它是失去 9～14 个电子的铁，是一种极其特殊的环境下的铁。

　　经过长期的观测，科学家们发现，太阳上元素最多的是氢和氦，比较多的元素有氧、碳、氮、氖、镁、镍、硫、硅、铁、钙10 种，还有 60 多种含量极其稀少的元素。到 20 世纪 80 年代，科学家们认定的太阳上有 73 种元素。此外还可能有从氢到氦 19 种元素存在，其中包括 9 种放射性元素。

　　太阳上到底有多少种元素，相信随着探测技术的进步，这个谜很快就能解开。

太阳系的邻居

　　太阳系是我们居住的"家"，了解太阳系的同时，我们还应该了解周围的环境，也就是我们的"邻居"。地球的空间环境和邻里就是太阳系内部的行星星际空间。那么，太阳系所处的恒星星际空间又有哪些邻居呢？它们的状况如何？我们知道，在银河系内约1000亿颗恒星中，离太阳最近的恒星是半人马座

的比邻星，它离太阳约 4.2 光年，目视星等为 11 等星。可见，在距太阳 4 光年半径的恒星际空间是没有任何恒星的。只有太阳和它的家族在这里安居乐业。这是一个充满活力的空间。在距太阳 5 光年之内，有 3 颗恒星。它们是上面介绍的比邻星，还有与比邻星在一起组成目视三合星的另外两颗恒星。它是半人马座 a 星（甲星），叫南门二；它是全天第三

颗最亮的恒星，约为 0 等星；它与我们太阳属同一类恒星，其体积和质量比太阳稍大一点，距太阳约 4.3 光年。另一颗星亮度为 1 等星，距太阳约 4.3 光年，体积和质量略比太阳小一点。第三颗星就是比邻星。在距太阳 10 光年内共有 11 颗恒星。除上面介绍的 3 颗恒星外，还有著名的蛇夫座巴纳德星。它是 1916 年由美国天文学家巴纳德发现自行最大的恒星，它每年自行 10°31"，为 9.5 等

星，距太阳 5.9 光年；大犬座天狼星，它是目视双星。甲星就是天狼星，是全天最明亮的恒星，距太阳约 8.6 光年，为 1.5 等星。

另一颗乙星是天狼星的伴星，为 8.5 等星，距太阳也是 8.6 光年，它是一颗典型的白矮星；鲸鱼座中 UV 星也是一颗双星，距太阳都是 9 光年。其中 UV 星 B 是 1948 年发现的特殊型的变光恒星。它在 3 分钟内，光度可增强 11 倍，然后又慢慢暗下来。它为 13 等星，是距太阳最近的耀星。狮子座佛耳夫 359 星距太阳 8.1 光年；大熊座拉兰德 21 185 星距太阳 8.2 光年；人马座罗斯 154 星距太阳 9.3 光年。距太阳 21 光年内，则有 100 颗恒星，其中包括天鹰座中的牛郎星，小犬座中的南河三和天鹅座 61 星（两颗）等。

太阳的这些近邻各有特色，天文学家们早已把它们列为重要的研究对象。

探秘太阳系的年龄

基督教的经典《圣经》中记载了上帝创造出世界的过程：上帝说"要有光"，于是宇宙中就充满了光明；之后上帝认为"要有日月星辰"，天空中就出现了太阳、月亮和群星；此后上帝又创造出人类的祖先——亚当和夏娃，以及形态各异的动植物。宗教中的创世纪从科学的观点看是有正确之处的，比如说先出现了日月星辰，然后生物才开始出现并繁衍、演化。无神论者对上帝创造宇宙最有名的批驳是：为什么在日月星辰这些发光体诞生前光就存在了？光是谁发出的？科学与宗教的论战是相当有趣的，从根本上讲谁都无法完全驳倒对方，因为科学讲究论点要有充足的论据支持，而宗教首先要求人们相信它的论点。我们现在要谈论的"创世纪"——太阳系的形成，是从科学的角度来看问题的。

任何想对太阳系起源的解释都回避不了一个问题：太阳系的年龄究竟有多

大？我们知道，树的年龄可以从年轮的条纹数来确定，马的年龄可以从它们的牙齿来数出，如果太阳系中也存在与上述类似的有助于确定其年龄的某些标志或迹象，我们就能够得到太阳系的年龄。显然，太阳系的年龄要比最老的树还要老许多，我们需要新的方案。

如何飞越太阳系

2006 年 8 月，具有 40 年历史的 SETI 决定建造自己的射电望远镜。与传统的无线电望远镜不同的是，它由 500～1000 个小型的碟形组件构成，能将收集到的信号汇总为星球的一张图像。这种望远镜将电子技术与计算机处理技术融为一体，能同时对 12 个星球进行观测。目前科学家们正在精心拟定"目标"星球清单。望远镜同时还能协助天文学家开展传统研究。

1982 年，美国导演斯皮尔伯格执导的《ET》（《外星人》）创造了外星人形象，外星人（如果有的话）真是这样的吗？

2000 年 3 月 29 日，人类在寻找太阳系外行星方面取得重大进展。美国加利福尼亚大学的科学家宣布，他们发现了两颗迄今为止围绕着其他恒星运行的最小行星。这两颗太阳系外的行星质量与土星相近。这标志着科学家在寻找地球大小的太阳系外的行星的过程中迈出了重要的一步，因为迄今为止观测行星的技术只能发现比木星大的太阳系外行星，所以寻找外星生命，只能到地球大小的行星上去找。想要飞向太阳系外的恒星，解决动力问题则是关键。

恒星周围存在行星是一个普遍现象。在太阳系附近的恒星周围肯定存在着行星系统，了解那里的行星无疑是一件激动人心的事。可现有的天文手段在这方面显得过于苍白无力。它既不能告诉我们这些行星的大气组成，也无法揭示其地质构造，甚至天文学家连它们的几何尺寸也无从知晓。

这一切都是地球与目标行星之间的距离所致——动辄几十万天文单位的旅程会令最狂热的宇航迷变得垂头丧气，用化学火箭推进的探测器要用成千上万年才能飞到那里。

如何在一个科学家的有生之年完成太阳系外的探险呢？这时飞船应该达到每秒几百千米的速度，而目前最快的飞船只能达到这速度的十分之一。现行的飞船之所以行动迟缓，根本原因在于它们仅靠化学火箭在其飞行的头几分钟里加速，冲出大气层后的航程完全依赖惯性滑行，充其量在路过大行星时靠其引力加速。因此要想飞向太阳系外的恒星，解决动力问题是关键。

目前"旅行者号"和"先驱者号"探测船已经飞越了冥王星轨道，成为离地球最远的探测器。为了达到这一目标，科学家花费了十几年的时间，其间还不断利用大行星的引力加速（称为"引力跳板"技术）。而且从一开始，它们就是用最强大的化学火箭（"土星号"）发射的。

下面的方法是科学家想到的飞越太阳系到达其他恒星的方法。其中有一些现在就可以实现，而另一些也许永远只能停留在设想阶段。

利用核能的核动力火箭

20 世纪 50 年代，随着和平利用原子能的呼声日益高涨，原子火箭发动机应运而生。法国人设计了以水为工作物质的原子能火箭，它靠核反应堆产生的热量将水汽化，高速喷射出的水蒸气能使星际飞船逐渐加速。火箭要喷出 5000 吨的水才能在 50 年内把飞船送往最近的恒星——比邻星（距地球 4.22 光年）。

一般化学火箭的结构质量占总质量的 6% ~ 10%，有效载荷仅占 1%；而原子能火箭的结构质量占总质量的 12% ~ 15%，但有效载荷可占总质量的 5% ~ 8%。以氘为燃料的核聚变火箭，排气速度可达 15 000 千米/秒，足以在几十年内把宇宙飞船送到别的恒星。

聚变比裂变放出更大的能量。在一个核聚变推进系统中理论上每千克燃料能够产生 100 万亿焦耳能量——比普通化学火箭的能量密度高 1000 万倍。核聚变反应将产生大量高能粒子。用电磁场约束这些粒子，使之向指定方向喷射，

飞船就可以高速前进了。为安全起见，核飞船至少应在近地轨道组装。为利用月球上丰富的氦资源，月球也是理想的组装发射地。此外也可以在拉格朗日点（此点处的物体在绕地球运转的同时保持与月球相对距离不变）处进行组装，原材料从月球上用电磁推进系统发送。

用光驱动的光帆

中国古代的纸鸢无法和现在的超音速飞机同日而语，今人设想的喷射式推进系统也不能和未来实际的星际飞船相提并论。但相对于核动力火箭来说，以下几种进入太空的方法更有可能在未来的星际飞行中使用。

15 世纪地理大发现时期，西欧的水手们扬帆远航，驶向传说中的大陆。未来的星际航行恐怕还要借助"帆"这种古老的工具，只不过驱动"太空帆"的不是气流而是光。早在 12 世纪 20 年代，物理学家就已证明电磁波对实物具有压力效应。1984 年，科学家提出，实现长期太空飞行的最佳方法是向一个大型薄帆发射大功率激光。这种帆被称为"光帆"。它采用圆盘状布局，直径达 3.6 千米，帆面材料为纯铝，无任何支撑结构，其最大飞行速度可达到光速的1/10。在搭载 1 吨的有效载荷时，飞抵半人马座的 a 星仅需 40 年或更少的时间。以这个速度，太空船可以在两天内从太阳飞到冥王星，但要是飞越另一个太阳系并对其进行考察，这速度显然太低了。

为了进行详细的考察，可以采用"加速—减速"的飞行方案。这时光帆直径取 100 千米，使用功率为 7.2×10^{12} 瓦的激光器向它发射激光。在减速阶段，将有一个类似减速伞的小型光帆被释放出来，它把大部分激光向飞船的前进方向反射，以达到制动的目的。

虽然对技术和经济要求较高，但较其他形式的星际飞船而言，光帆是在技术和经济上最容易实现的方案。根据估算，在使用金属铍作为帆面材料时，飞到半人马座 a 星的总费用为 66.3 亿美元，这只相当于阿波罗计划投资的 1/4。

虫洞——空间桥梁

不少科幻影片（如《星球大战》）中都有这样的镜头：随着船长一声令下，结构复杂的引擎开始工作，接着宇宙飞船便消失于群星中，几乎就在同时，它完好地出现在遥远的目的地……现代物理学证明，这看似荒诞的场景是可以发生的。

现代物理学（时空场共振理论）认为，时间是能量在时空中高频振荡的结果，宇宙间各时空点的性质取决于该点电磁场的结构特性。

该理论认为宇宙中各时空点有其确定的能量流动特性，它可以用一组谐波来描述。若用人工方法产生一定的谐波结构，使它与远距离某时空点的谐波结构特性相同，则两者就会产生共振，形成一个时空隧道，飞行器可以循着这个时空隧道在瞬间到达宇宙的另一位置。

实施这一方案的关键是飞船必须能产生适当的能量形态，以满足选定时空点的谐波结构特性。通过"虫洞"的星际航行。

还有一种名为"虫洞"的奇异天体，它是连接空间两点的时空短程线。科学家认为，通过"虫洞"可以实现物质的瞬间转移。用这种方法进行的星际航行可以完全不考虑相对论效应。遗憾的是这种理论上应该存在的"空间桥梁"至今还没有发现。

无疑，无论哪种方法离现实都有一定的距离，但它们在技术上并不是不可行的。无论困难多大，人类探索未知领域的天性不会改变。可以设想，人类最终迈出太阳系摇篮，飞向星际的日子不会太远了。

寻找太阳系的大行星

　　人们总是对发现新天体持欢迎态度，尤其是发现太阳系的行星。问题是想当太阳系的行星也要符合标准。冥王星不就被开除出九大行星之列了吗？但只要能发现符合条件的星体，就是有二十大行星也不嫌多，何况是十个。据 2005 年 7 月 30 日美国宇航局太空网报道，天文学家在我们所在的太阳系里新发现了一颗星体，它比冥王星还要大，并把它称为第十大行星（天文学中称之为"X星"），这一报道立即在天文界引起广泛争论。这颗新星的大小不是问题，但如何准确地给行星下定义却成了问题。

　　自从1930年发现了冥王星后，这是首次在我们所处的太阳系中发现如此巨大的星体。美国加利福尼亚理工学院的迈克·布朗宣布发现了这个比冥王星大的星体，巧合的是，仅仅几个小时前另有一个比冥王星稍小的新天地也被发现。

　　最新发现的天体被临时命名为"2003 UB313"，它与太阳的距离是冥王星与太阳距离的 3 倍，也就是大约 97 个天文单位（1 个天文单位指的是太阳与地球之间的距离。）它也是迄今为止我们所知道的太阳系中最远的星体，是"柯依伯星带"里亮度占第三位的星体。它比冥王星表面的温度低，是一个非常不适合居住的地方。

行星天文学教授布朗说："这个新星体明显比冥王星要大。"布朗在美国宇航局主持召开的紧急远程电信会议上对记者们说，这个星体呈圆形最大可能是冥王星的两倍。他估计新发现的这颗星星的直径有2100英里（约3379千米），是冥王星的1.5倍。

这个星体与太阳系统的主平面保持着45°的夹角，大部分其他行星的轨道都在这个主平面里。布朗说，这就是它一直没有被发现的原因，直到现在才有人观察那个地方。一些天文学家认为它是一条柯依伯星带而不是一颗行星，柯依伯星带是海王星以外的冰块星体区，许多天文学家也把冥王星称为一颗柯依伯带星体。

布朗本人过去也曾表示，冥王星太小，而且是在古怪的倾斜的轨道上运行，因此冥王星不够行星的资格。可是今天他有了一个不同的发现。布朗在远程电信会议上说："冥王星很长时间以来就被称为行星，整个世界对此已经习惯了。对我来说有一个合乎逻辑的延伸，那就是任何比冥王星大而远的星体都是行星。"

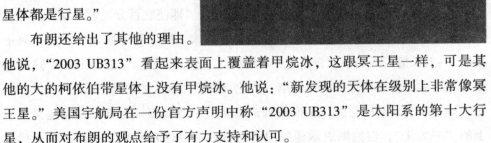

布朗还给出了其他的理由。他说，"2003 UB313"看起来表面上覆盖着甲烷冰，这跟冥王星一样，可是其他的大的柯依伯带星体上没有甲烷冰。他说："新发现的天体在级别上非常像冥王星。"美国宇航局在一份官方声明中称"2003 UB313"是太阳系的第十大行星，从而对布朗的观点给予了有力支持和认可。

布朗曾与朋友打赌：在2005年1月1日之前，天文学家肯定将发现比冥王星大的星体。当年1月8日，他们发现了"2003 UB313"。布朗说："我的第一反应是'哦，就因为多出7天，我输给了那位朋友。'"布朗研究小组已经向国

际天文联盟递交了给这颗新行星命名的建议，但在该组织作出决定之前，他们不会对外界透露为这颗新星取的名字。

而提前宣布新发现事出有因。

这颗新星是天文学家在帕洛马尔天文台用萨穆尔·奥琴望远镜发现的。布朗表示，由于无论是职业观测者还是天文业余爱好者都可以观测到这颗星星，所以它将成为一个非常令人激动的观测星体。布朗说："在未来6个月里，它都可以看得见，如果是凌晨的话，目前它几乎就是就在我们的头顶上，在鲸鱼座。"布朗透露，他是与吉米尼天文台的查德·特鲁吉洛以及耶鲁大学的戴维·拉比诺维兹于2005年1月8日发现了这个星体。

在此之前，这个研究小组一直希望首先对数据进行进一步的分析，然后再宣布发现了这颗行星，但他们不得不将宣布的时间提前，因为他们的发现已经走漏了风声。布朗解释说："有黑客潜入我们的网站，他们正准备将这些数据公之于众。"

布朗与特鲁吉洛首次用48英寸的萨穆尔·奥琴望远镜拍到这颗新行星是在2003年10月31日，然而，这个星体距离地球太遥远，直到他们在2005年1月重新对数据进行分析时，才发现这颗星体的运行情况。在过去的7个月里，他们一直在研究这颗行星，希望对它更准确地估算大小和运行情况。

这些科学家通过其亮度和距离推断在太阳系新发现的这颗行星的大小。它的反射情况尚不得而知，这也是科学家估算的直径是冥王星的一到两倍的原因，但估算是以他们掌握的数据为基础。布朗表示："即使它百分之百地反射到达它那里的光，这颗行星的体积仍然和冥王星一样大，所以我宁愿说它可能是冥王星的1~1.5倍。我们不敢肯定它到底有多大，但我们百分之百地相信，这是迄今为止在太阳系外层空间发现的第一个比冥王星体积大的星体。"

华盛顿卡耐基协会的行星形成理论家艾伦·博斯却认为这一发现是天文学上的"一大步"，但博斯表示他压根不会称这个星体是行星。他说，取而代之的说法应该是，像冥王星和2003 UB313这样的小星体最好应该被称为"柯依伯行星"。博斯在接受电话采访时说："称它们是行星对太阳系中其他大的星星是不公平的。"

美国西南研究所的阿兰·斯蒂恩是美国宇航局向冥王星发射探测器的"新地平线"计划主管，他早在 20 世纪 90 年代初便预言，像冥王星这样的行星会有 1000 颗之多。他还通过进行电脑模拟得出结论：像火星一般大的行星可能躲在我们所在的太阳系的一些偏远角落，有些行星甚至可能和地球一般大。

X 线照片上形成的冕洞

太阳大气最外面的一层叫做日冕。冕的本意是礼帽，日冕确实像顶硕大无比的帽子，从四面八方把太阳盖得严严实实。

除非用一种专门的仪器，否则，平常是无法对日冕进行观测的，只有在日全食的时候，才有机会看到它数十秒或者数百秒。日冕一般分为内冕和外冕两部分，从空间拍摄的日冕照片上，可以看到外冕最远一直延伸出去好几十个太阳半径那么大的距离。

日冕呈现出白里透蓝的颜色，柔和、淡雅，令人喜爱。日冕虽然不亮，但用肉眼观测或者拍下照片来看，各处亮度还比较均匀，没有太明显的差别。

可是，从空间拍下的日冕 X 线照片上看起来，它却是另外一个模样。其中最引人注意的是，日冕中有着大片不规则的暗黑区域，它们并不很稳定，形状时有变化，有人把它们比喻为是日冕中出现的"洞"，冕洞的名称就是这么来的。说实在的，冕洞这个名字并不恰当，因为它基本上都是长条形的，有时从太阳的南极或者北极，一直伸展到赤道附近，长好几十万千米。从 X 线的角度来看，说它是"洞"还勉强可以，冕洞里确实是"空洞洞"的，穿过冕洞可以直接看到光球，光球是完全不发射 X 线的，所以在 X 线照片上，冕洞表现为暗黑色的一片，看起来像是好端端的一个圆面上，被涂黑了一大片。

猜测太阳的 "伴侣"

自从科学家通过先计算后观测的方法发现海王星之后，也想用这种方法去发现太阳的附近有没有新的星球，因为唯有如此，天文学中的一些矛盾现象才可以得到合理的解释。到底有没有？能不能发现呢？

太阳伴星是人们假设出来的一颗红矮星或棕矮星，距离太阳50000～100000个天文单位，并以 "复仇女神" 的名字来命名。

太阳可能存在伴星的理论最先由 Richard A. Muller 提出，因为他发现地球上出现大灭绝的时间是有周期性的，他提出每隔约2600万年有一次，去试图解释大灭绝的周期性。

该伴星推断其公转周期为2600万年，在经过奥尔特云带时，干扰了彗星的轨道，使数以百万计的彗星进入内太阳系，从而增加了与地球发生碰撞的机会。

现时，尚未有证据证明太阳存在伴星，也使得地球的周期性大灭绝原因受争论。

Matese 和 Whitman 则指出，周期性大灭绝的原因并不一定是太阳存在伴星，并提出可能是因为太阳系在银河系平面上下摆动，并会摄动奥尔特云，其影响与伴星存在的假设相似，但其上下摆动周期仍有待观测。

在天文学上，一般把围绕一个公共重心互相作环绕运动的两颗恒星称为物理双星；把看起来靠得很近，实际上相距很远、互为独立（不作互相绕转运动）的两颗恒星称为光学双星。光学双星没有什么研究意义。物理双星是唯一能直接求得质量的恒星，是恒星世界中很普遍的现象。一般认为，双星和聚星（三至十多颗恒星组成的恒星系统）占恒星总数的一半多。太阳作为一颗较典型的恒星，它是否也有自己的伴侣——伴星呢？或者说，它是否也属于一种比较特殊的物理双星呢？近几年来，这是科学家非常关心的问题，这个问题是由地球上物种灭绝问题提起来的。

太阳光造成的奇观

同时出现五个太阳

中国有则很古老的神话，叫做"后羿射日"。传说在远古的尧帝当政的时候，天上一下子同时出现了 10 个太阳！江河枯竭，草木枯死，百姓奄奄一息。在这危难的时刻，尧帝命神剑手后羿射下太阳，挽救万民。后羿弯弓搭剑，9 个太阳纷纷坠地。不想，落在地上的竟是一只只乌鸦，它们的羽毛四散在空中，随风飞去。后来天上就只剩下一个太阳了。

这只是一个美丽的传说，无需考证真伪，但天空中出现多个"太阳"，却是有人亲眼所见。

1933 年 8 月 24 日上午 9 时 45 分，在我国四川省峨眉山的上空，出现一种奇异的景象，在太阳的左面和右面，各有一个太阳，人们惊奇不已。

1934 年 1 月 22 日和 23 日，上午 11 时至下午 4 时，古城西安的人们目睹了 3 个太阳并排在天空的奇景。

1965 年 5 月 7 日下午 4 时 25 分和 6 月 2 日晨 6 时，在南京浦口盘诚集的上空，接连两次出现了这种景观。

1981 年 4 月 18 日的清晨，海南岛东方板桥的人还碰到过 5 个太阳同时悬在天际的胜景。那天早晨，红艳艳的太阳已升上天空，人们习惯地抬头东望，咦，东边居然有 3 个太阳，相隔数米的西边还有 2 个太阳，太阳中间还有一条绚丽

的彩环相连。这一奇景让当地人们奔走相告，议论纷纷。

看来，这种现象是时有发生的。古时候科学技术不发达，人们在天空看见未曾见过的东西，只当是"天意"。当时天灾人祸又很频繁，因此，人们更加迷信这是上帝震怒的先兆。

据史料记载，1156年，意大利的米兰上空，太阳周围出现三个彩环，一连数小时闪闪发光，光环消失时，出现了三个太阳，编年史作者认为，这暗示着米兰在遭七年围攻后，末日快来临了。

历史上还记述了这样一件有趣的事实：1551年德国的马格德堡被西班牙国王卡尔拉五世的军队围攻，城中将士坚持不懈地守卫，让西班牙的围攻持续了一年多。最后，西班牙国王恼恨之下准备强攻城池。在这紧急关头，天空中出现了3个太阳，这一奇景使侵略者极端惊恐，认为苍天有意捍卫马格德堡城，于是国王慌忙下令撤军。

太阳系中有几个不同形状的太阳吗？当然不是，太阳独一无二的地位是不容置疑的。

随着科学的进步，自然现象的谜也随之解开了。原来，这是大气变的戏法，是光学原理玩的游戏。这种现象在科学上称之为晕。

在离地面6~8千米的空气中，无论冬夏都是寒冷的，这里有大量的冰晶体，它们有着不同的形状，最常见的是六角形小柱或薄片，冰晶随着大气上下翻腾。当阳光照到这些小冰晶上，就会像照在玻璃三棱镜一般被折射，或者像射在镜面上被反射出去。由于阳光被折射后偏折出不同角度的光，就会在太阳周围绕成美丽的光环——晕。

其实，人人都见过简单的晕。在严寒的冬天，空气里充满冰晶或雪花的情况下，如果你观看街道上的路灯，很可能见到路灯周围的光晕。而彼得堡的学者洛维茨所看见的晕或许算得上最复杂的了。

请看他在 1970 年夏季的一次详细描述："在太阳的周围有两个虹彩的光圈。一个大，一个小。在它们的上面和下面各有一个光亮的半弧，犹如宽大的牛角与光圈上下相连。一条与地平线平行的白色光带穿过太阳和虹彩光圈，环绕蓝天。在白色长带与小光圈交叉的地方有两个幻日光彩夺目。幻日在它朝向太阳的一侧呈红色，而背离太阳的一侧伸展着很长的发光的尾部。在白色长带上对着太阳的地方能看见三个同样的光斑。在太阳上的小圆环上闪烁着第六个耀眼的斑点。所有这一切在天空上持续了 5 个小时。"

看来，多个太阳的出现是由于六角形冰晶的缘故，只有一个是真正的太阳，其余的是太阳的幻影，冒牌的"假太阳"。

神秘的"十字架"图案

有一种情况也曾让人惊骇不已。白日将尽，奇迹突现了，一个闪闪发光的十字架清晰而神秘。注视着这样的天象，现在应该不难理解。这是因为我们往往只看到太阳垂直光环的一部分，穿过太阳的水平光环也只能看到一部分，两环相交部分在太阳两侧，不就仿佛形成十字架了吗？在太阳下山以后，冰晶薄片也参加了这场游戏，它们反射已经在地平线以下的太阳光，于是一条灿烂的光柱便从地平线直指天空，光在与垂直环的上部相交，在昏暗的天空就产生巨大的十字架形象。如果这时落霞万丈，那不就像一柄火光闪闪的利剑吗？

魔幻万变的自然现象，在科学面前，显现出真实的面目。受过良好训练的专业人员，每年可看见数十次晕，但复杂多彩的晕，还是十分罕见的。所以，平常人们看见这种太阳奇景，自然感觉迷惑不解又十分稀奇了。我们已经领略了太阳光在大气中玩的游戏，太阳由此显得变幻莫测。

振荡的太阳

太阳表面丰富多彩的活动现象已经令我们眼花缭乱，然而 20 世纪 60 年代初，天文学中的一项重大发现更令我们惊讶不已。1960 年，美国天文学家莱顿将最新研制成的强力分光仪对准太阳表面上一个个小区域，准备测定它沸腾表面运动的情况。结果他意外地发现了一个令人十分惊异的现象：太阳就像一颗巨大的跳动着的心脏，一张一缩地在脉动，大约每隔 5 分钟起伏振荡一次。这次莱顿发现的太阳上下振荡：和以前发现的太阳黑子、日珥等各种太阳运动现象都不同，它不仅具有周期性，而且整个日面无处不在振荡。

1. "多普勒效应"的功劳

太阳距离我们十分遥远，即使通过口径最大的光学望远镜，我们也根本无法看到它表面的上下起伏。那么，莱顿又是怎样发现太阳表面的这种振荡呢？说起来这还要归功于著名的"多普勒效应"。

大家都知道，当一个声音在接近或远离我们的时候，就会发生"多普勒效应"。当它接近我们时，我们接收到的频率升高了；当它离开我们时，我们接收到的频率降低了。与声波一样，光也是一种波，自然也有"多普勒效应"。当光波朝向或远离观测者时，光的频率也要发生变化。在由红橙黄绿青蓝紫七色光组成的太阳连续光谱上，紫色光的频率最高，红色光的频率最低。这个彩色的连续光谱上面还有许多稀疏不匀、深浅不一的暗线，是太阳外层中的一些元素吸收了下面更热的气体所发出的辐射而形成的，叫做吸收线。在观察太阳光谱的时候，如果我们一直紧紧盯住连续光谱上的一条吸收线，那么当太阳表面的气体向上运动时，也就是朝我们"奔驰"而来的时候，吸收线就会往光谱的高端即紫端移动，简称紫移；反之，当气体向下移动时，吸收线就会往光谱的低端即红端移动，简称红移。如果吸收线一会儿紫移，一会儿红移，不断地交替交换，那么太阳的表面气体就在上下振荡。

说来简单，实际观察起来困难重重。因为太阳离我们很远，而且它振荡的幅度和速度都不大，所以光谱线的位移量也很小，大约只有波长的百万分之几。可想而知，这样微乎其微的变化，发现它是多么不容易。莱顿使用非常精密的强力分光仪拍下一张张太阳光谱照片，然后利用"多普勒效应"原理，通过计算机进行反复分析，最后才发现了太阳表面周期振荡的重要现象。

2. 接踵而至的新发现

太阳5分钟振荡周期从根本上改变了人们对太阳运动状态的认识，世界各国天文学家对这个问题都十分重视，许多天文学家纷纷采用各种不同方法对太阳进行观测。他们不仅证实了太阳表面5分钟的振荡周期，而且接连又发现了其他好几种周期的振荡，有人得到周期为52分钟的太阳振荡；有人得到周期为7~8分钟的太阳振荡。最引人注意的是苏联天文学家谢维内尔和法国天文学家布鲁克斯等得到的周期为160分钟的长周期振荡。

谢维内尔观测小组在克里米亚天体物理台首先观测到这种长周期振荡。1974年，他们把由光电调节器和光电光谱仪组成的太阳磁象仪安装在太阳塔的后面，利用它来观测连接太阳极区的窄条的光线以避开太阳赤道部分的视运动。来自太阳中心的光线发生偏振，而来自太阳边缘的光线没有偏振，这两部分光线分别照在两个光电倍增管上，这两个光电倍增管的输出就表示中心光线是否相对于边缘发生了多普勒位移。谢维内尔小组利用这种方法在1974年秋季观测到太阳160分钟的振荡周期。

1974年秋天，布鲁克斯在日中峰天文台，利用共振散射方法测定太阳吸收线的多普勒位移的绝对值，进行了十多天的观测，也观测到了太阳160分钟的振荡周期。

太阳160分钟振荡周期被观测到以后，许多天文学家对它表示怀疑。有人认为这种振荡可能是一种仪器效应，也可能是地球大气周期性变化的反映。后来，美国斯坦福大学的一个天文小组用磁象仪观测到了太阳的160分钟振荡周期。一个法国天文小组在南极进行了128个小时的连续观测，同样观测到了160

分钟太阳振荡周期。南极夏季每天 24 小时都能看到太阳，不存在大气的周日活动问题。另外还有两个相距几千千米的天文台同时进行观测，也都观测到太阳的这种长周期振荡。这两个台相距遥远，在长时间观测中大气的影响可以相互抵消。太阳长周期振荡的现象终于得到了证实，疑问才被打消。

太阳表面到处振荡不停，不仅有升有落，而且有快有慢，这是一幅多么蔚为壮观的景象啊！

3. 太阳振荡是怎样产生的

太阳振荡是怎样产生的？这是科学家们最关心的事情。目前，科学家们已经认识到，太阳振荡虽然发生在太阳表面，但其根源一定是在太阳内部。使太阳内部产生振荡的因素可能有三个，即气体压力、重力和磁力。由它们造成的波动分别称为"声波""重力波"和"磁流体力学波"，这三种波动还可以两两结合，甚至还可以三者合并在一起。就是这些错综复杂的波动，导致了太阳表面气势宏伟的振荡现象。人们认为，太阳 5 分钟振荡周期可能是太阳对流层产生的一种声波，而 160 分钟的振荡周期则可能是由日心引起的重力波。但是，这些解释究竟正确与否，目前还不能完全肯定。

声波是一种比较简单的压力波，它可以通过任何介质传播。太阳的声波是与地球内部的地震波有些相似的连续波，它们传播的速度和方向依赖于太阳内部的温度、化学成分、密度和运动。与地球物理学家通过研究地震波去查明地球内部的构造模式类似，天文学家正利用他们所观测到的太阳的振荡现象，去窥探太阳内部的奥秘。

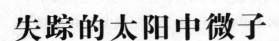

失踪的太阳中微子

中微子是一种非常奇特的粒子，它不带电，质量很小，大约只有电子质量的几百分之一。早在 20 世纪 30 年代初期，科学家就根据理论推测出，在原子核聚变反应的过程中，不仅会释放出大量的能量，而且还一定会释放出大量的中微子。到了 20 世纪 50 年代中期，科学家通过实验证实了中微子的存在。

中微子的发现引起了天文学家的注意，于是他们开始了对太阳中微子的观测和研究。太阳的能量，来自四个氢原子核合成一个氦原子核的聚变反应。在太阳内部，时时刻刻都在进行着大规模的核反应，因此，中微子也时时刻刻从太阳内部大量地产生出来。中微子有一种奇特的性质，就是它的穿透能力极强，任何物质都难以阻挡。中微子从我们身上贯穿而过，我们毫无感觉。中微子不论碰上地球还是月球，都可以轻易地一穿而过。大量的中微子从太阳内部产生以后，就浩浩荡荡、畅行无阻地射向四面八方。地球表面每平方厘米的面积上，每秒钟就要遭受到几百亿个太阳中微子的轰击。

长期以来，人们只能根据观测太阳表层来推测太阳内部的状况。中微子却是直接从太阳内部跑出来的，它们一定会给人们带来有关太阳内部状况的宝贵信息。因此，天文学家对太阳中微子的观测和研究非常重视。最早开始探测太阳中微子的，是美国布鲁黑文实验室的物理学家戴维斯和他的同事们。他们在

南达科他州地下深 1000 多米的一个旧金矿里，安放了一个特制的大钢罐子，里面装着 38 万公升四氯乙烯溶液，用它作为俘获中微子的"陷阱"。当中微子穿过这个大罐子时，就会和罐中的四氯乙烯溶液发生反应，生成氩原子，并放出电子。用计数器测出产生了多少氩原子，就可以知道有多少中微子参加反应了。

戴维斯等人经过多年的努力，到了 1968 年，终于探测到太阳中微子。然而，出乎人们意料的是，他们所探测到的中微子数目比原先预期的要少得多，仿佛有大量的太阳中微子失踪了。这是为什么呢？难道太阳根本没有产生这么多的中微子吗？这个问题引起了科学家的极大重视，成为著名的中微子失踪之谜。

关于太阳中微子失踪的原因，目前科学家认为有好几种可能。第一种可能是目前人们对太阳内部状态的认识有差错，很多天文学家对标准太阳模型提出了很多修改方案，但是始终还没有哪一种修改意见能圆满解释这个问题；第二种可能是现有的原子核反应理论尚有问题；第三种可能是人们对中微子本身的认识并不全面。还有一种可能是太阳内部产生的中微子有很大一部分迅速地改变了本来的面目，所以人们没能探测到它们。但是，究竟谁是谁非，科学家们还不能下最后的结论。

为了早日揭开太阳中微子之谜，近年来，科学家正在推进新的中微子探测计划。看来，人们为此还须付出长期的坚持不懈的努力。

探索太阳系的地外生命

　　智慧生物与生命是两个不等同的概念。即使我们能十分有把握地断定，在太阳系诸天体中，除地球外，没有任何一个天体拥有智慧生物，但仍不能肯定，在其他天体中也不存在任何生命活动，特别是那些低等的微生物。

　　在被怀疑拥有原始生命的太阳系诸天体中，火星是被议论得最多的一个。

　　在 20 世纪 70 年代，"水手号"和"海盗号"飞行器对水星的探测，终于否定了"火星人"的神话。然而，从"海盗号"探测站所做的三项实验来看，却不能绝对地肯定，那里不存在任何生命形态。

　　第一项实验是检查有无以光合作用为基础的物质交换，结果是否定的。第二项实验是仿效地球上的物质交换，视察澄清土壤样品中有无微生物。实验时在土壤样品中加入含^{14}碳的培养液，若土壤中有生物，会吸收与消化养分，会排出有放射性的^{14}碳，这可在计数管中进行检测，结果记录到了。而在预先经过消毒处理的土壤中则没有记录到。第三项实验是测量生物与周围环境所发生的气体交换。在加入培养液的土壤样品中，质谱仪记录到有氧的发生，但两小时后却突然停止，不过微量二氧化碳的析出却持续了 11 天之久。有人指出，如果土壤中存在过氧化物，那么氧的析出就可能不是生物造成的。因此根据这三项实验的结果，人们既不敢肯定，也不能否定火星上生命存在的可能性。即使退一步说，这三项实验证明了火星上没有生命。但它毕竟只能反映实验地点的情况，而不能以点代面地说明整个火星的情况。要知道，40 多年前，人们对环境恶劣的地球南极地区进行考察时，也曾认为那里是不适宜生命存在的，在早期的考察活动中也确实没有发现"定居型"的生物。然而在 1977 年，人们却在那里的石缝中找到了地衣和水藻。一些火星研究者指出，在火星赤道附近有两

个地方，土壤中水的含量要比别处丰富得多。每天每平方厘米的地面至少能释放出 100 毫克的水（一到夜晚，水汽则凝结为霜，因此这两个地方从地球看去要比火星其他地方明亮得多）。他们认为这两个地方的环境比地球上一些已发现有微生物的极端恶劣环境，更适于生命的存在。

美国国家航空航天局在斯坦福大学发表了一篇报告，认为40亿～45亿年前，南极大陆上曾存在微生物。而从南极大陆的火星陨石中发现的显示火星生命体存在的物质看，地球外存在有生命体的迹象。

美国国家航空航天局局长克鲁把火星上可能存在生命体这个宇宙研究史上的最新发现称之为"令人震惊的发现"。

新发现是从 1984 年被发现的 12 个陨石中的一个叫做"ANL8400"的南极陨石分析中产生的。它大约是 1500 万年前火星与木星间小彗星群碰撞的结果，大致在 1300 万年前落在南极大陆，年龄大致是 40 亿～45 亿年。

美国国家航空航天局和斯坦福大学的研究表明，对陨石进行薄片分析后，能见到一种叫"多循环芳香碳水化合物（PAH）"的有机物。这种有机物可以证明火星的生成过程或微生物存在的可能性，从陨石切片，可以得出火星上曾有生物体存在的痕迹。

从 PAH 中还可发现，有的细菌酷似地球细菌，其分子结构为与磁铁和巴伐利亚硫化铁相似的单细胞物质，这也为火星上有微生物存在的推论提供了证据。当然，美国航天航空局仅用"有力的证据""有待进一步调查证实"等字眼，尽量避免使用火星上存在微生物的肯定性语言。

克鲁局长解释说："陨石中发现的火星上存在与地球细菌相似的单细胞生物痕迹，并不是说火星上过去就一定存在高等生物。"

有关的详细研究成果刊在《探索者》上。关于火星上生命体存在与否的话题，今后必将有进一步的争论。

总之，对火星是否拥有低等的生命形态这一问题，目前我们还无法做出肯定与否定的回答。

土卫六是土星的第六颗卫星。它的直径约5800千米，是太阳系中最大的一颗卫星。它也是太阳系里已知的唯一具有真正大气层的卫星。根据1944年奎伯对其光谱的分析，认为它的大气主要由甲烷和氢组成，其大气压为0.1~1个大气压。也就是说，其大气密度虽不及我们地球，但比火星大气却要密得多。土卫六的表面温度，因距太阳较远，维持在-150℃左右。

根据科学家对生命起源的实验研究，人们知道，用紫外线照射甲烷和氢，就能形成许多有机化合物，如乙烷、乙烯、乙炔等。事实上，1979年9月，"先驱者11号"宇宙探测器在距离土卫六356 000千米处拍摄到的照片显示，这颗卫星呈现桃红色。这表明它的大气中确实含有甲烷、乙烷、乙炔等，还可能有氮的一些成分。乙烷、乙炔的存在使人们相信，土卫六上有可能找到更复杂的有机物。因此人们认为，在土卫六表面可能存在一层比较复杂的有机物组成的海洋和湖泊，其情形也许酷似地球生命发生前夕的所谓"有机物海"。如果这一推测是可靠的，那么土卫六上就很可能有一些原始的生命形态。

1980年底，"旅行者号"飞船飞临土星上空时，人们曾期望它能给我们带来更多的有关土卫六的信息。遗憾的是，它只发现土卫六的大气并不像早先所认为的以甲烷为主，而是以氮为主，氮约占98%，甲烷占不到1%。此外，还有乙烷、乙烯、乙炔和氢。值得高兴的是，在红外探测资料中，发现其云层顶端含有与生命有关的分子，可能是属于生命前的氢氰酸分子。但是，由于它的大气几乎完全呈雾状，妨碍了飞船对土卫六表面的观测。因此土卫六上是否真有生命，也还有待进一步证实。

第三颗引起人们注意的可能拥有生命的天体是木星的卫星木卫二。

木卫二直径为3000千米左右，在木星的卫星中属第四大卫星。根据近红外波长的光谱分析，这个卫星的表面存在大量由水构成的冰。而根据其平均密度为3.03克/立方厘米来估算，它可能有一个厚约100千米的由冰和液态水组

第四章 太阳和太阳系

探索神秘的宇宙

151

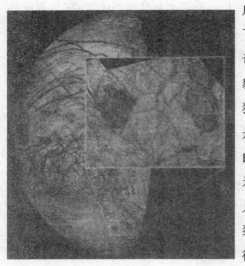

成的壳层。1979年3月，当"旅行者号"飞船飞越木卫二上空时，人们曾非常惊奇地注意到，木卫二具有与众不同的外貌，分布着许许多多纵横交叉的条纹，犹如一大堆乱麻。经分析，这些条纹应是木卫二冰壳上的裂纹，其中有些裂缝的宽度可能有数十千米，长达1000千米，深为100～200米。更有意义的是，人们还注意到，这种像乱麻一般交叉的裂缝具有褐色的基调，与其周围颜色浅得多的部分相比，显得轮廓分明。对这种褐色物所作的光谱分析表明，它们很可能是有机聚合物。据此，人们推测，当木卫二从原始星云中形成时，可能也和地球等天体一样，聚集有一些来自原始星云的甲烷和氨。以后，这些气体可能在内热的作用下不断地释放出来，当其渗透到表面时，便会在太阳紫外线辐射和来自木星的带电粒子的激发下，合成为有机物。尽管同样的辐射也会摧毁这些有机物，但液体水却能保护它们，甚至还会促使它们进一步水解，复合形成氨基酸，为生命的形成提供了条件。

与此同时，来自地球的一项发现也启发着人们的思考。那是在南极的干谷，有一些常年冰封的湖泊。极其微弱的阳光在透过上部厚厚的冰层以后，到达湖底已是微乎其微。然而，当人们潜入这冰冷的、幽暗的湖底时，却意外地发现那里生活着一大片蓝绿藻，它们就靠这微弱的阳光生活。木卫二尽管离太阳比地球远得多，且温度低，阳光弱，但并不比南极湖下的环境差。而且由于自转和公转的耦合关系，它有长达60小时的白昼。因此在一些裂缝刚刚破裂开来的地方，水体里将有可能接受到较充足的阳光，从而使生命在那里繁殖生存。一直到5亿～10亿年后，当裂缝重新为厚厚冰层所覆盖时，生命也就暂时地潜伏起来，等待另一次机会。

当然，以上所述还只是一些推测，要证实这一猜想，需要有一个能潜入木卫二冰壳下的太空潜水装置。

152

其实，不仅是上述三个天体，就是对金星、木星、木卫，甚至我们的月球，是否完全没有任何生命形态，人们也没有完全排除怀疑。

金星以其表面具有高达 400℃ 以上的温度，而一直被人们认为是不适宜生命生存的。然而，1977 年以来，人们在调查洋底的地壳裂缝时，却发现在一些温度高达 300℃ 甚至更高温度的海底喷泉旁，生活着许多可耐高温生物。这使人们认识到，生命对环境的适应能力远比人们想象的大许多。因此，我们不能保证金星对生命来说就是绝对的禁区。何况，即使金星表面没有生命，也不能排除在它的大气层里温度适宜的地方，就没有飘浮着一些含微生物的云层。

木星是一个主要由氢和氦组成的天体。理论分析表明，它的云层厚约 730 千米，下面是厚约 24 000 千米的液态分子氢组成的木星幔，再下面是具有金属特性的原子氢组成的下部木星幔，然后才是一个可能由硅和铁组成的石质木星核。木星距太阳较远，理论计算表明，其云层顶的表面温度应在 –68℃ 左右，但实测的结果比理论值高出 20～30℃，这表明它有来自内部的热量。因此可以算出，在云层底部，温度可高达 5500℃。

1979 年，"旅行者号"飞船飞临木星上空所作的光谱分析表明，木星大气中除了氢、氦、氨、甲烷和水外，还可能有乙炔、乙烷、硫化铵、硫化氢铵、磷化氢等各种有机或无机聚合物。人们还发现木星上不时发生闪电。这使人们推测，在木星的大气层里完全有可能合成复杂的有机物，甚至出现生命。一些研究者指出，

由于木星大气存在着垂直湍流运动，来自云层底部的高温、高压气流会对生命造成毁灭性的破坏，所以气流运动相对平稳的两极地区存在生命的可能性要比木星赤道地区大一些。

木卫一是木星的另一颗卫星，具有石质的表面。根据对其红外反射光谱的

研究，没有水的痕迹，但富含硫质。1979年，"旅行者"号飞临它上空时，曾观察到它的上面有活跃的火山活动。木卫一上这种强烈的火山活动，和伴随火山活动喷溢出来的硫，使一些人猜测，在它上面有可能存在像太平洋底热喷泉周围的那种以硫为食料的生物。换言之，这种生物可以不必依赖阳光来提供能源，也无须依靠光合作用来生活。

至于月球，尽管已有阿波罗6次登月和苏联两次月球自动站的考察记录，但仍有一些人对月球生命问题不肯轻易罢休。他们提出了种种怀疑，并猜测是否会有生命隐居在月面之下。

综上所说，我们对太阳系中其他天体是否拥有生命的讨论远远没有结束，人们正期待着今后更深入的探索。

一直以来，人类同太阳之间的关系就非常密切。多年来，人类对太阳的起源也有了种种的猜测。它能给人类带来光明与温暖，但它还有更多的奥秘等待人类去探索。

第 五 章
地球的"伴侣"——月球

月球是地球的一颗卫星，也是宇宙中距离地球最近的天体。从人类诞生开始，它就和太阳共同交替地挂在夜空中。我们对它的了解，也随着时间发生了巨大的变化。它是人类涉足的第一个地外天体，是人类走向宇宙的开始。

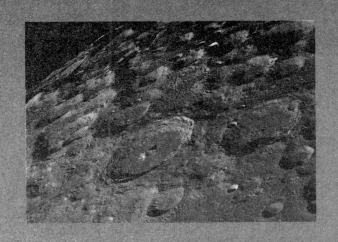

月球的传说

"床前明月光，疑是地上霜，举头望明月，低头思故乡。"李白的这首《静夜思》，不知为多少代人所吟诵。它反映了诗人对皎洁月光的赞美，更抒发了游子的思乡之情。古往今来，以月亮为题抒情感怀的文人墨客数不胜数。

"嫦娥奔月"的故事在民间广为流传，可以说是家喻户晓，妇孺皆知。每当盛夏的夜晚，老奶奶总是一边摇着扇子，一边给小孙孙讲述着这个古老的故事：巍峨的广寒宫，寂寞无助的嫦娥，被吴刚砍了又长、长了又砍的桂花树，三条腿的蛤蟆，会捣药的小白兔……

在古希腊的神话中，月亮女神的名字叫阿尔特弥斯，她不但有花一样的容貌，而且武艺非凡，常常背着弓箭在山林中追捕猎物，所以又是狩猎女神。

月球在我国古代诗文中有许多有趣的美称：

玉兔（着意登楼瞻玉兔，何人张幕遮银阙——辛弃疾）；夜光（夜光何德，死则又育？——屈原）；素娥（素娥即月亮之别称——《幼学琼林》）；冰轮（玉钩定谁挂，冰轮了无辙——陆游）；玉轮（玉轮轧露湿团光，鸾珮相逢桂香陌——李贺）；玉蟾（凉烟霭外，三五玉蟾秋——方干）；桂魄（桂魄飞来光射处，冷浸一天秋碧——苏轼）；顾菟（阳乌未出谷，顾菟半藏身——李白）；婵娟（但愿人长久，千里共婵娟——苏轼）。此外，月球还有许多别致的雅号，如玉弓、姮娥、玉桂、玉盘、玉钩、玉镜、冰镜、广寒宫、嫦娥、玉羊等。

关于月球的知识

每天晚上，我们仰望天空，都可以看到明亮的月亮。但是，月亮上的种种未解之谜，有谁能解开呢？

1. 月球较地球更古老

令科学家惊讶的是，从月球带回的岩石，有 99% 比地球上 90% 的古老岩石还要古老。在月球宁静海采到的第一块岩石，至少有 36 亿年的历史，而地球上最古老的岩石，顶多不过是 37 亿年历史。而其他携回的月球岩石，已被测定有 43 亿、45 亿甚至 46 亿年历史。这已相当于太阳系的历史了。在 1973 年的月球研讨会上，还有一块月球岩石被宣称有 53 亿年历史。最令人困惑的是，这些岩石竟然被科学家认为是来自月球上"最年轻"的部分。因此，一些月球研究专家就认为月球是远在太阳形成之前就已经存在了。

2. 土壤比岩石更久远

美国太空人首次登陆的"宁静海"，土壤年代竟比岩石久远。据分析，两者相差 10 亿年之久。此事看来不可思议，因为土壤一向被认为是由岩石演变而成的。然而由化学分析显示，月球上的土壤并非由岩石演变，可能是来自别的地方。

对月球起源的猜测

自古以来，月亮在人们心目中的地位仅次于太阳。晴朗的夜晚，皓月当空，令人生出无限的情思遐想，文人墨客更是赋予月亮许多的笔墨。北宋词人苏东坡《水调歌头》中的"明月几时有？把酒问青天。不知天上宫阙，今夕是何年。"唐朝诗人张若虚《春江花月夜》一诗中的"江上何人初见月，江月何年初照人"，都可称得上是脍炙人口的咏月佳句。

月球是离我们最近的一个天体，月球中心与地球中心的平均距离只有38.44万千米，相当于地球半径的60倍，或相当于9次多环球旅行的行程。

月球的平均直径是347.8千米，大约是地球直径的1/4。月球的面积是3800万平方千米，差不多是地球面积的1/14，比我们亚洲的面积略大一些。

月球的体积是220亿立方千米，地球的体积几乎比它大49倍。月球的质量大约等于地球质量的1/81，也就是7350亿亿吨。月球的平均密度是每立方厘米3.34克，只及地球密度的60%，相比之下，月球不如地球瓷实。

天文学家对月球的位置、运动规律和物理性质作了周密的研究，随科学技术的突飞猛进，又利用人造地球卫星、无线电技术、激光技术和计算机技术对月球作了进一步的测量和考察，取得了大量更新、更丰富的资料。

尽管如此，对"月球起源"这个十分古老的问题，今天的天文学家仍然是众说纷纭和语焉不详。这也难怪，对生我们养我们的地球，人们研究了几个世纪，到现在不也照样对它的起源知之甚少吗？

　　月球是怎样形成的？撇开人类早期那些不着边际的神话，如果将 18 世纪以来的月球起源假说归纳起来，可以分为三类，即同源说、分裂说和俘获说。

让人惊讶的月球秘闻

月球正在逃离地球

　　你知道吗？月亮正在悄悄地从地球身边溜走。每一年，月球都从地球上吸取一点自转能量，并利用这能量来使自己在轨道上向外偏离 3.8 厘米。天文学家告诉我们，当月亮形成的时候，它与地球的距离仅仅是 22 530 千米，而现在的距离已经拉大到了38.44万千米，而且随着时间的推移，月亮会走得越来越远。

月亮的形状像"鸡蛋"

　　月亮并不是圆的（或说球形的），它的形状更像是个鸡蛋。当你在夜空中举头望月时，它那鸡蛋形的两个尖端之一就正对着你。另外，月球的质量中心并不在其几何中心，它偏离中心大约有 2 千米。

月球发出的光

　　月球表面既无大气，也无水分，没有风霜雪雨，没有江河湖海，更不要说鸟语花香的生命现象了。一句话，月球是个死寂的星球。

　　但是，这并不意味着月面上什么变化都没有发生过，它表面的辉光现象就是一例。月球表面有时突然出现某种发光现象，甚至还有颜色变化，它引起了天文学家们的兴趣和关注。

　　1958 年 11 月 3 日凌晨，苏联科学家柯兹列夫在观测月球环形山的时候，发现阿尔芬斯环形山口内的中央峰，变得又暗又模糊，并发出一种从未见过的红光。两个多小时之后，他再次观测这片区域时，山峰发出白光，亮度比平常几乎增加了一倍，第二夜，阿尔芬斯环形山才恢复原先的面目。

　　柯兹列夫认为，他所观测到的是一次比较罕见的月球火山爆发现象。他说，阿尔芬斯环形山中央峰亮度增加的原因，在于从月球内部向外喷出了气体，至于开始时山峰发暗和呈现出红色，那是因为在气体的压力下，火山灰最先冲出了火山口。

　　柯兹列夫的观点遭到了一些人的反对，其中包括一些颇有名望的天文学家。他们承认阿尔芬斯环形山的异常现象是存在的；但认为不能解释为通常的火山爆发，而是月球局部地区有时发生的气体释放过程。在太阳光的照耀下，即使是冷气体也会表现出柯兹列夫所注意到的那些特征。

早在 1955 年，柯兹列夫就在另一座环形山——阿利斯塔克环形山口，发现过类似的异常发亮现象，他也曾怀疑那是火山喷发。1961 年，柯兹列夫又在阿利斯塔克环形山中央观测到了他熟悉的异常现象，不同的是，光谱分析明确证实这次所溢出的气体是氢气。

神秘的红色斑点

天文学家们还不止一次在月球面上发现神秘的红色斑点。也是那个阿利斯塔克环形山，美国洛韦尔天文台的两位天文学家在观测和绘制它及其附近的月面图时，先后两次在这片地区发现了使他们惊讶的红色斑点。第一次是在 1963 年 10 月 29 日，一共发现了 3 个斑点：先是在阿利斯塔克以东约 65 千米处见到了一个椭圆形斑点，呈橙红色，长约 8 千米，宽约 2 千米。在它附近的一个小圆斑点清晰可见，直径约 2 千米。这两处斑点从暗到亮，再到完全消失，大约经历了 25 分钟的时间。

第三个斑点是一条长约 17 千米、宽约 2 千米的淡红色条状斑纹，位于阿利斯塔克环形山东南边缘的里侧，出现和消失时间大体上比那两个斑点迟约 5 分钟。

第二次他们观测到奇异的红斑是在 1 个月之后的 11 月 27 日，也是在阿利斯塔克环形山附近，红斑长约 19 千米，宽约 2 千米，存在的时间长达 75 分钟。这次由于时间比较充裕，不仅有好几位洛韦尔天文台的同事都看到了红斑，还拍下了一些照片。为了证实所观测到的现象是确实存在的，他们还特地给另一个天文台打了电话，告诉那里的朋友们赶快观测月球上的异常现象，但故意没有说清楚是在月球上的什么地方。得到消息的天文台立即用口径 175 厘米的反射望远镜（那两位洛韦尔台的天文学家用的是口径 60 厘米折射望远镜）进行搜寻，很快就发现了目标。结果是，两处天文台观测到的红斑的位置完全一致，说明观测无误。红斑确实是存在于月面上的某种现象，而不是地球大气或其他因素造成的幻影。

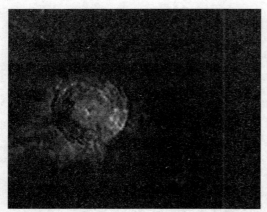

这两次色彩异常现象都发生在阿利斯塔克环形山区域，而且都是在它开始被阳光照到之后不到两天的时间内。考虑到这些方面，有人认为月面上出现红色斑点的现象可能并不太罕见，只是不知道它们于什么时间、在什么地区出现，而且出现和存在的时间一般都不长，要观测到它们就不那么容易了，需要具备较大和合适的观测仪器，以及丰富的观测经验和技巧，同时认为这类现象可能与太阳及其活动有关。另一种意见则认为，这类变亮和发光现象经常发生，单是在阿利斯塔克环形山区域，有案可查的类似事件至少在 300 起以上，表明它们是由于月球内部的某种或某些长存原因引起而形成的。

1969 年 7 月，首次载人登月飞行的"阿波罗 11 号"宇宙飞船，在到达月球附近和环绕月球飞行时，曾经根据预定计划，对月面上最亮的这片阿利斯塔克环形山地区进行了观测。这座著名环形山的直径约 37 千米，山壁陡峭而结构复杂，底部粗糙而崎岖。飞船指令长阿姆斯特朗是从环形山的北面进行俯视的，他向地面指挥中心报告说："环形山附近某个地方显然比其周围地区要明亮得多，那里像是存在着某种荧光那样的东西。"遗憾的是，宇航员们没有对所观测到的现象做进一步的解释。

偶然出现的亮点

　　1985 年 5 月 23 日，希腊的一位学者正在调试自己口径为 11 厘米的折射望远镜。当时月球的月龄为 4，也就是从月朔算起，大体上只过了 4 天的时间。在连续拍摄的 7 张月球照片中，有 1 张吸引了大家的注意，照片上出现了一个事先没有预料到的清晰的亮点。经过核查，亮点位于月球明暗界线附近的普洛克鲁斯 C 环形山地区。

　　对此，希腊学者提出了一个大胆的假设。他认为：由于月面没有大气，被太阳照亮的月面部分的温度，与没有太阳照亮部分的温度相差悬殊。当太阳从月面上某个地区日出时也就是从那些正好处在明暗界线附近的地区日出时，一下子从黑夜变为白天的那部分月面温度迅速升高，从−100 多摄氏度到 100 多摄氏度。强烈而迅速的温度变化使得月球岩石胀裂开来，被封闭在岩石下面的气体突然冲到月面，迅速膨胀，产生了明亮而短暂的发光现象。

　　最近，美国的一位通信工程师也提出了类似的看法。他曾检测过一些从月球上采集回来的月球岩石标本，发现岩石中含有像氢和氩之类的挥发性气体。他认为，月岩热破裂时释放出来的电子能，完全有可能把挥发性气体点燃，引起短暂的闪光现象。他还表示，他的设想并非毫无根据。据说，月球岩石在地面实验室里进行人工断裂时，确实曾放出过小火花。

　　过去也确实多次有人在月球明暗界线附近，发现过这类短暂的发光现象。但是，在得不到阳光的月球阴暗部分，也曾观测到过这种闪闪发光现象。

关于月球"肿瘤"的推测

在人类对月球的一系列发现中，有这么一种奇怪的现象：月球体内存在着不寻常的物质瘤，而且不止一个。月球也会生病吗？月球怎么会长瘤子呢？

这是什么类型的瘤子？就像医生通过仪器给人体检，发现患者体内有变异的肿块一样，科学家们已经确诊，月球体内有"肿瘤"。

月球体内的质量瘤不是科学家用什么仪器给月球体检发现的，而是根据月球对绕它运动的人造天体的引力变化推测出来的。1966 年 8 月至 1967 年 8 月，美国为人类登月积极做准备，先后共发射 5 个"月球轨道环行器"飞船。

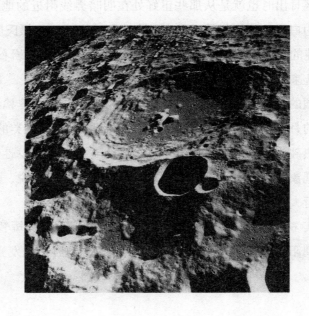

它们航行到月球后，成为环绕月球运动的人造月球卫星，实现对月球近距离全面考察。

"环行器"飞船在环绕月球运动的过程中，有时发生莫名其妙的抖动和倾斜。这种令人担忧的不正常运动，引起宇航员的充分注意。他们偶尔地发现，每当"环行器"飞船接近月面的环形月海时，便产生抖动和倾斜。飞船与月面最近时有40多千米，难道这种奇怪的抖动真与月海有什么关系吗？月海表面非常平坦，它上面能有什么奇异的物质呢？这或许是什么巧合？科学家们经过严密的思考和多次验证，判定这和环形月海下面的物质有关系，更进一步说，和环形月海的形成有密切关系。

科学家们肯定了这种对应关系以后，进一步思考的是：月海是怎样形成的呢？月海下面有什么奇特的物质吗？到底是什么力量引起飞船抖动呢？是什么波的干扰，还是什么光的作用？看来都不可能。最大的可能就是引力增强这个因素。接下来要继续思考的问题是：为什么这些月海产生引力增强呢？

很自然，月海下面应有高密度的异常物体。这种物体在月球体内就像"肿块"一样。因此，科学家们给这种物质起了一个形象化的名字，叫月球质量瘤。也有人称之为重力瘤或聚积物。

深藏在月球体内数十亿年的异物，没有逃出科学家们的慧眼。这项意外发现，对研究月球内部结构，探索月表结构的演化，特别是判别环形月海的形成都有直接帮助。对研究早期的太空环境，特别是地—月系空间环境更有重要意义。

月球表面的"月海"

　　要想揭开月球质量瘤之谜,非得了解月海是如何形成的不可。像认识地球表面结构特征一样,月面主要分两大构造单元,即月海和月陆。

　　月海的主要特征是:月球表面共有 22 个月海,向着地球的月球正面有 19 个,背面有 3 个。月球正面的月海面积约占半球面积的 50%,背面的月海面积只占那半个球面的 2.5%。大多数月海呈闭合的环形结构,周围被山脉包围着,山与海的形成有密切关系,月球质量瘤就与这类月海相对应。正面的月海多数是互相沟通的,形成一个以雨海为中心的更大的环形结构。背面的月海少,而且小,同时,都是独立存在,没有互通的。月背中央附近没有月海。月背有一些直径在 500 千米左右的圆形凹地,称为类月海。正面没有类月海。月海主要由玄武岩填充。根据月海的这些特征,科学家们可进一步考查月海是如何形成的。

　　早在 19 世纪末,美国地质学家吉尔伯特就注意到月海的特征。他首先提出雨海的形成问题。他认为雨海是典型的环形月海。它是由外来的巨大陨石撞击在月面上,将月球内部岩浆诱出,大量岩浆漫布月面,而破碎的陨石物质及月面物质被抛向四周,形成环形月海。这就是吉尔伯特提出的"雨海事件"。据计算,这次事件的"肇事"陨石直径约 20 千米,它以每秒 2.5 千米的速度撞击月面。对月球考察的许多事实支持了吉尔伯特的观点,这也就是月海形成的外因论。美国"阿波罗 14 号"载人飞船的着陆点,就选在雨海事件的喷射堆积物——弗拉·摩洛地区上。从这里采集的岩石样品几乎都有遭受过冲击和热效应的明显特点。

　　雨海的面积约 88.7 万平方千米,比我国青海省稍大一点。在 22 个月海中,雨海面积仅次于风暴洋，居第二位。它和风暴洋、澄海、静海、云海、酒海和知海构成月海带。从地形的角度看，它是封闭的圆环形，四周群山环抱，属典型的盆地构造。从地势的角度看，雨海地区非常复杂，极为壮观。

它囊括了月面构造的诸多方面。因此，雨海区域很早就引起了天文学家们的兴趣。

从月海形成的外因看，月面学家又找到一个最有说服力的典型冲击盆地，它就是享有盛名的东海盆地。东海盆地主要在月球背面，直径约 1000 千米。它的中央区是东海，东海直径约 250 千米。人造月球卫星拍下了清晰的东海和东海盆地的照片，充分显示出东海外围有三层山脉包围，形成巨大的环形构造区。

与此同时，也有些科学家认为，环形月海是月球自身演化的产物。他们根据月海玄武岩年龄鉴定，推知月海玄武岩有 5 次喷发。大致时间是为距今 39 亿年前至 31 亿年前。月海形成的先后次序为：酒海 – 澄海 – 湿海 – 危海 – 雨海 – 东海。

然而，上述提到的只是假说，还没有形成定论。月海到底是如何形成的呢？还有待进一步研究。

对月球表面的探索

月球俗称月亮，是地球唯一的天然卫星，也是离地球最近的天体，与地球相距约 38 万千米。平时我们见到的月亮感觉和太阳差不多大，但实际上月亮比太阳小得多。月球的半径是 1738 千米，是地球的 27.28%，而太阳的半径是地球的 109 倍，那么太阳就有 6400 万个月亮那么大。

以前很多科学家们都认为月亮是个死球，既没有生命也没有任何月表活动。现在，他们发现月球上有月面暂现现象，如局部地区有时会突现奇妙的光辉，

有时有雾；有时局部地区会变色变暗，有时某些环形山会突然消失或突然增大等。这些月面暂现现象，说明月球表面经常变化不断。

月球围绕着地球运行的轨道，叫做"白道"。白道和黄道（地球绕太阳运动的轨道）之间有 5°多的夹角。

月球绕地球转一周需要 27 天 7 时 43 分 11.47 秒，这一周期叫做"恒星月"。月球除了绕地球公转外，本身还在自转。月球自转的周期是 27 天 7 小时 43 分 11.5 秒，几乎等于它绕地球公转的周期。因此，我们从地球上只能看见月亮的一面，而且始终是这一面，大约是月面的 59%左右。

2007 年 10 月 24 日，中国首颗月球探测卫星"嫦娥一号"从西昌卫星发射中心腾空而起，在经过近 20 天的飞行后，准确进入环月工作轨道。此后不久，"嫦娥一号"对月球的背面进行了探测，发现那里与月球正面有着明显的不同：月球背面的月陆（也称高地）分布面积广，没有大型的月海盆地，只有三个较小的月海；而月球的正面则拥有月球 90%的月海。除此之外，月球背面几乎没有明显的山脉；正面山脉较多，如阿尔卑斯山、亚平宁山等。

在地球上观察月亮

各种月相

在地球上可以看见月亮有月牙、半月和满月，而月相就是指人们所看到的月亮表面发亮部分的形状。它主要包括朔、上弦、望和下弦四种。

月朔和月望

从一个满月到下一个满月大约要经历 29 天半的时间，这叫做一个朔望月。一般农历的每个月初一是朔，朔之后经历半个月的时间，到达满月的时候就是望。望不一定是在十五那天，有时是十六或者十七。

最圆时的月亮

只有当朔发生在初一的凌晨时，望才会发生在十五的晚上。而一个朔望月要经历 29 天 12 小时 44 分钟，所以望发生在十五是很罕见的，大多的时候都是十五的月亮十六圆。

月球上的自然条件

　　月球的物理性质与地球不同，人在月球上会有许多与众不同的特殊感受。声音通常通过空气传播，月球表面几乎没有空气，无法传播声音，所以在月球上如果不借助特殊的仪器，即使有个人站在你面前大喊大叫，你也听不到任何声音。由于月球上没有空气，月表被太阳照射到的地方，温度高达120℃，没有被太阳照射到的地方温度则为−180℃。人类乘宇宙飞船到月球上去，在这两种地区降落都不行，可以降落在这两种地区相交的地方，那里温度不太高也不太低。

　　月球上没有水蒸气，自然也就没有雨、雪、雹、云、雾、霜、露等与水有关的天气现象。月球上也有东南西北，但不能用指南针辨别方向，因为月球磁场非常弱，磁针转动不灵，所以宇航员多根据太阳的影子来推算方向。

　　月球自转的速度很慢，在月亮上的一天要比在地球上长得多。月亮上一整个白昼要经过约330个小时，再经过这么长时间才完成一昼夜。然而准确地讲，地球一昼夜是23小时56分4秒，那么月亮的一昼夜就相当于地球上的27.32天。

　　人在月球上行动有诸多不便，科学家们为什么还对月球特别感兴趣呢？这主要有以下几个原因：月球是离地球最近的一颗星球，人类如果移民，那么它将是最近的归宿；月球离地球近，相对其他星球比较容易运送物资，可作为人类了解其他星球的空间中转站；而且月球上几乎没有空气，这便于人类观测其他星球。

月亮的不同 "面貌"

在地球上，我们可以看见光芒四射的月亮有月牙、半月和满月不同的形状。月亮这种盈亏圆缺的变化，在天文学上叫做 "月相" 变化。月亮为什么会有这种变化呢？

月亮本身不发光，只有靠反射太阳光才发亮。也就是说，它被太阳照射到的部分是明亮的，太阳照不到的部分则是黑暗的。月球绕地球运动，使太阳、地球、月球三者的相对位置在一个月中有规律地变动着。这种变动使月亮明亮的部分有时正对着地球，有时侧对着地球，有时背对着地球，这样我们在地球上看到的月亮就出现了圆缺的变化。

农历每个月的初一左右，月亮运行到了地球与太阳之间，光亮的一面正好背对着地球，我们看不到它。这时的月相叫 "新月" 或 "朔"。新月过后，月亮渐渐从地球与太阳中间走出来，我们能看见一个弯弯的月牙，这时的月相叫 "娥眉月"。到了农历初八左右，随着

月亮与太阳位置的变化，我们能够看到像英文字母 "D" 一样的半月，这种月相叫 "上弦月"。此后，月亮一天天圆润起来，这时叫 "凸月"。到了农历十五左右，月亮光亮的部分完全对着地球，我们看到的是圆圆的月亮。这时的月相叫 "望月" 或 "满月"。

满月之后，月亮因与太阳位置的变化，逐渐"消瘦"起来，经过凸月、下弦月、残月后，又重新回到新月的位置。月亮经过这样一个周期的变化，就是一个"朔望月"，时间是29天12小时44分2.8秒。我国农历的天数就是根据朔望月制定的。其实，满月之前的娥眉月、上弦月、凸月和满月之后的凸月、下弦月、残月是两相对应的，它们两两的形状差不多，只是圆缺的位置发生了变化。

月食出现的原因

月食是一种奇妙的自然现象。当地球运行到月球和太阳之间时，太阳光正好被地球挡住，不能射到月球上去，月球上就出现黑影，这种现象就是"月食"。太阳光全部被地球挡住时，叫做"月全食"；部分被挡住时，叫"月偏食"。月全食发生时，地球背对着太阳的一面（处于夜间那面）上的居民都能看到这种现象。月食过程的时间比日食要长，单月全食阶段就可长达1小时。

月食都是从月球的左边开始的，月全食的全过程可分为初亏、食既、食甚、生光、复圆五个阶段。

初亏：月球与地球本影第一次外切，标志月食开始。

食既：月球的西边缘与地球本影的西边缘内切，月球刚好全部进入地球本影内，月全食开始。

食甚：月球的中心与地球本影的中心最接近，月全食到达高峰。

生光：月球东边缘与地球本影东边缘相内切，这时全食阶段结束。

复圆：月球的西边缘与地球本影东边缘相外切，这时月食全过程结束。

由于白道和黄道有一个角度，因此月球并不是每个月都会转到地球的影子中，不可能月月都出现月食现象。月食出现的时间是不定的，一年大约会发生一两次。如果第一次月食是在一月份，那么这一年就有可能发生三次月食。有时一年一次月食都没有，而且这种情况常有，大约每隔五年，就有一年没有月食。

很多人都见过日环食，却没有听说过"月环食"。"月环食"是根本不可能发生的，因为地球的直径是月球的 4 倍，即便是在月球的轨道上，地球本影的直径仍是月球的 2.5 倍。地球的影子完全挡住了阳光，所以就不可能有"月环食"了。

月亮对地球植物的影响

科学家们发现月光对植物的生长发育起着鲜为人知的作用。长期得不到月光的植物不但木质疏松，而且树干细弱易断。而那些受到损害的木质纤维，太阳光的照射只会使它们形成更大的疤痕，但月光的照射却会使其伤口愈合。月光对植物的影响远非这些。如杜鹃花在月光下会开得稠密，栀子花和茉莉在较强的月光下香气最浓。

法国学者费雪里在一本书中总结了各国合理利用月光的经验，例如，核桃在满月时打落，不仅油脂最丰富，而且还容易被消化吸收；草莓应避免在满月和新月时栽种、剪枝和采摘。有些农学家还建议，播种植物除按季节规律外，还要选择适合的月相：最好在新月时种植山药、茄子、蚕豆、洋葱等；在上弦月时种植四季豆、萝卜、西红柿、芹菜、豌豆等；满月时播种大蒜、土豆……

对月球上的水的探索

　　1998 年 1 月 6 日，美宇航局的"月球勘探者号"探测器发射成功，并于当月 12 日顺利进入月球轨道，开始了对月球水的探测。经过 7 个星期的探测，它发现月球两极区域表面氢元素浓度很高，于是，一些科学家认为那里可能有固态水——冰存在。

　　如果月球两极区域确实有水冰，登月的宇航员就可以通过某些仪器，得到饮用水，这将对人类定居月球的计划提供现实基础。许多科学家认为，要想在月球上寻找人类将来的定居点，那么最理想的候选地应该是月球南极沙克尔顿帝形山的底部，因为这处环形山的边缘有一个平台，是航天器最佳的着陆点。

　　2008 年 10 月 27 日，据英国《新科学家》杂志报道，日本"月亮女神"月球探测器发回的最新照片显示，月球南极一处环形山坑内并没有冰，相反覆盖着厚厚的尘埃物质。照片是由"月亮女神"机载"地形摄像机"拍摄的，清晰度相当高。美国布朗大学科学家卡尔·佩特斯详细研究了这些照片，他认为月球上根本就没有水。许多研究人员都声称：如果月球两极有干净的水冰，那么探测器将会拍到比较明亮的部分，可是照片上并没有。

　　这次寻找月球水的行动使很多人受到了打击，因为这表明人类不可能移居至月球了。但是，还有一些科学家并不这么想，他们认为冰冻水可能深埋于地下，或冰晶可能很脏，同土粒掺在一起。

第六章
瞭望茫茫宇宙

我国古代最早提出的一种宇宙结构学说是"盖天说"。但种学说是在古人肤浅的观察中生成的，漏洞百出，很难自圆其说。

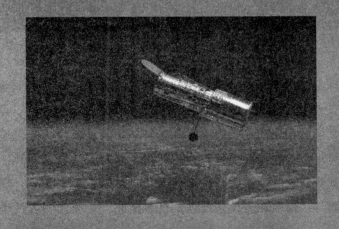

中国古代的宇宙结构学说

我国古代最早提出的一种宇宙结构学说是"盖天说"。这种学说认为天是圆形的，好像一把大伞盖在地上；地是方形的，好像一个棋盘。因此，这种学说又叫"天圆地方说"。

这种学说是在古人肤浅的观察中生成的，漏洞百出，很难自圆其说。于是，人们又不断地对"盖天说"进行修改。到了战国末期，出现了"新盖天说"。新盖天说认为，天像扣着的斗笠，地像扣着的盘子，天和地不相交，天地之间相距八万里。盘子的最高点是北极。太阳围绕着北极旋转，太阳落下山，并不是落到地面以下，而是到了我们看不见的地方。盖天说在我国古代影响极大，对古代数学和天文学的发展有重要的指导作用。

盖天说之后，东汉的天文学家张衡提出了"浑天说"。浑天说认为，天与地的关系就像鸡蛋中蛋白和蛋黄的关系，地是蛋黄，它被像蛋白一样的天包裹着。具体说，天的形状不是标准的圆球，而是一个南北短、东西长的半椭圆球。大地也是一个球，它浮在水上，回旋飘荡着。

盖天说无法解释日月星辰东升西落的现象，浑天说却能。此说认为日月星辰附着在天球上，白天，太阳升到我们可见的天空中，日月星辰落到地球的背面去；夜晚，太阳落到地球的背面去，星星和月亮升起来。星、月和太阳交替升起，周而复始，便出现了有规律的黑夜和白昼。

浑天说出现后，并没有立即取代盖天说，两种说法相互争执。但是，浑天说明显更具优势，它除了能解释许多盖天说无法解释的现象外，还有当时最先进的天文仪器——浑仪和天仪来帮助论证。因此，它在我国古代天文领域中称霸上千年。

古代的计时器——日晷

在钟表没有发明之前，人类曾使用过一种古老的太阳钟——日晷来计时间。日晷是根据太阳东升西落的运动，利用太阳投射的影子来测定时刻的装置。

日晷通常由铜制的指针和石制的圆盘组成。铜制的指针叫做"晷针"，它垂直地穿过石制圆盘的中心。圆盘叫做"晷面"，安放在石台上，呈南高北低状，使晷面平行于天球赤道面。这样，晷针的上端正好指向北天极，下端正好指向南天极。

晷面的正反两面刻有 12 个大格，每个大格代表两个小时。当太阳光照在日晷上时，晷针的影子就会投向晷面，太阳由东向西移动，投向晷面的晷针影子便慢慢地由西向东移动。晷面的刻度是不均匀的。于是，移动着的晷针影子好像是现代钟表的指针，晷面则是钟表的表面，以此来显示时间。

古老的天文学

　　最早的天文学研究的方法是天体测量学。古埃及人根据天狼星在空中的位置来确定季节；古代中国人早在公元前 7 世纪就制造了制定节令的圭表，通过测定正午日影的长度拟定节令、回归年或阳历年。古人依靠对星的观测，绘制星图，划分星座，编制星表。

　　春秋战国时期，齐国的天文学家甘德著有《天文星占》八卷，魏国人石申著有《天文》八卷。后人将这两部著作合为一部，称为《甘石星经》。这是我国、也是世界上最早的一部天文学著作。我国现存最早的天文著作是汉代史学家司马迁所著的《史记·天官书》。司马迁在此书中记下了 558 颗星，创造了一个生动的星官体系，奠定了我国星官命名的基础。

郭守敬发明的天文仪器

　　郭守敬（1231—1316 年），中国元朝的大天文学家、数学家、水利专家和仪器制造家。他对浑仪进行了改进，发明了简仪。

　　当年，郭守敬只保留了浑仪中最主要最必需的两个圆环系统，并且把其中的一组圆环系统分出来，改成另一个独立的仪器，再把剩余系统的圆环完全取消。然后，他把原来罩在外面作为固定支架用的那些圆环也全都撤除，只留下仪器上的一套主要圆环系统。最后，他用一对弯拱形的柱子和另外四根柱子，承托住留下的这个系统。这种结构，比原来的浑仪更实用，更简单，所以取名"简仪"。在欧洲，直到300多年后的1598年，丹麦的天文学家第谷才发明了与简仪相似的天文仪器。

中国古代的天文台

中国是世界上天文学发展比较早的国家之一，天文观测的历史十分悠久，夏代就建有天文台了。早期的天文台既是观测星象的地方，也是祭祀活动的场所。古代帝王在这里祭天，同时任命专职人员在这里观测天象，占卜吉凶，编撰历书。随着天文事业的发展，祭天和观天逐渐分离，出现了专门观测、研究天文的天文台。

目前我国保存下来的最古老的天文台是河南登封县的观星台，它建于13世纪末。据说，元代著名的天文学家郭守敬就曾在这里主持过测量工作。当今世界上保留下来的最古老的天文台是公元632年建于韩国庆州的天文台。

现代的观测仪器——射电望远镜

20世纪30年代，美国无线电工程师雷伯发明了第一架射电望远镜。射电望远镜不同于光学望远镜，它接收的不是天体的光线，而是天体发出的无线电波。它的样子与雷达接收装置非常相像。它最大的特点是不受天气条件的限制，不论刮风下雨，还是白天黑夜，都能观测，而且观测的距离更加遥远。

射电望远镜为什么会有这么大的本事呢？我们知道，宇宙中的天体都能发出不同波长的辐射，但我们的眼睛只能看见可见光范围内的辐射，对可见光之外的 γ 射线、X 射线、紫外线、红外线和无线电波"视而不见"。射电望远镜能接收各种波长的辐射，因此，还能观测到光学望远镜看不到的天体呢！随着射电望远镜的发展，天文学又前进了一大步，先后发现了类星体、星际有机分子、微波背景辐射和中子星。

著名的哈勃空间望远镜

　　哈勃空间望远镜是目前世界上最大的太空望远镜，它于 1990 年 4 月 24 日由美国的"发现号"航天飞机发射进入太空。哈勃望远镜重 9.1 吨，有一台口径为 2.4 米的反射望远镜，镜身长 13.1 米，直径为 4.26 米。由于太空中没有空气、尘埃等的阻挡，所以它拍摄的照片非常真实、数量多，同时也很清晰、漂亮。"哈勃"自发射后，已经成为天文史上最重要的仪器，填补了地面观测的缺口，帮助天文学家解决了许多根本上的问题。

　　如今，哈勃空间望远镜退役。它在太空运行的过程中，分别在1993年、1997年、1999年、2001年。实施了四次大修。尽管每次大修以后，"哈勃"都会焕然一新，但仍旧掩盖不住它的"沧桑"。

探索宇宙必须具备的速度

　　我国明朝的万户，曾试图借助火箭内推力和风筝上升的力量飞上蓝天，结果为此丧命。飞向太空除了要有安全的飞行装备，还必须具备一定的速度才行。

　　飞上太空有三种情况，每一种都要具备相应的速度才能到达。

　　第一宇宙速度：7.91 千米/秒，达到这个速度，卫星（或飞船）就可环绕地球飞行而不掉下来，所以也叫"环绕速度"。

第二宇宙速度：11.2千米/秒，达到这个速度，卫星（或飞船）就可脱离地球，飞向其他行星，所以又叫"脱离速度"，但不能脱离太阳系。

第三宇宙速度：16.7千米/秒，达到这个速度，卫星（或飞船）就可离开太阳系，飞向其他恒星。

以上是要到达目的地的最低速度，由于空气阻力和其他因素的影响，实际上要到达目的地，还要比以上速度快一些才行。

探索宇宙的工具——火箭

1926年3月16日，美国的工程师戈达德创制出世界上第一枚液体燃料火箭（单级火箭），并发射成功。虽然这枚火箭只运行了2.5秒，飞了12米高，但它却是世界航天史上一个重要的里程碑。

现代火箭是一个长的圆柱体，它总共有三大系统：结构系统、动力系统、控制系统。结构系统是火箭的躯壳，保护内部各组织；动力系统是火箭的生命之源，由燃料部分和发动机部分组成；而控制系统就像是火箭的大脑，指挥它的飞行速度、方式并确定飞行目标。

火箭只是一次性的航天运载工具，"生命"一般只有10～20分钟。当火箭将所运载的器材送入预定轨道后，它就完成了使命，然后会坠入大气层中，结束辉煌而短暂的一生。

随着人类对太空探索的深入和空间飞行器功能的不断增多，要求火箭具有更大的运载能力，因而出现了多级火箭。简单地说，多级火箭就是把几个单级火箭首尾连接在一起形成的。多级火箭不仅可以连续增加射程，而且用完一级就可以把空壳抛掉，以减轻负荷，提高火箭的飞行速度。

根据动力能源不同，火箭可分为化学火箭、核火箭和电火箭。化学火箭又可分为固体火箭、液体火箭和混合推进剂火箭。按照用途的不同，火箭还可以分为航天火箭、军用火箭和民用火箭。航天上，火箭可以搭载各种宇宙探测设备。军事上，火箭可用于攻击敌方的军事目标和侦查敌方的军事设施。生活中，我们可以使用小火箭在节日里燃放焰火。

用途多样的人造卫星

　　月球围绕地球转，是地球的卫星。还有一种天体也可以围绕地球运行，但它不是天然形成的，而是人造的，因此叫"人造卫星"。科学家用火箭把人造卫星发射到预定的轨道，使它环绕着地球或其他行星运转，以便进行探测或科学研究。围绕哪一颗行星运转的人造卫星，我们就叫它哪一颗行星的人造卫星，比如最常用于观测地球和通信方面的，叫人造地球卫星。它们运行时，处在地球引力与自身离心力相平衡的状态下，除非科学家人为地让它从天上掉下来，否则它们不会回到地面。

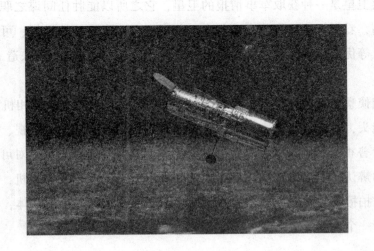

所有国家在发射卫星时，总是把发射方向指向东方。这是因为地球自转的方向是自西向东的，人造卫星由西向东发射时，可以利用地球自转的惯性，从而节省燃料和推力。不过，由于世界各地的发射地所在的位置不同，发射的方向总是偏北或偏南一些。

人造卫星按轨道分类，可以分为低轨道卫星、中高轨道卫星和地球静止轨道卫星。低轨道卫星距离地面的高度为 200～2000 千米；中高轨道卫星的高度为 2000～20 000 千米；地球静止轨道卫星的高度为 35 786 千米。

如果按用途分类，可分为科学卫星、技术试验卫星和应用卫星。科学卫星包括各种空间物理探测卫星和天文卫星；技术试验卫星是指用于卫星技术和空间技术试验的卫星；应用卫星则包括各种通信卫星、气象卫星、资源卫星、侦察卫星、导航卫星、测地卫星等。

侦察卫星的本领

侦察卫星是一种获取军事情报的卫星，它之所以能胜任间谍之职，是因为它站得高，看得远，具有侦察面积大、范围广、速度快、效果好、可随时监视某一地区等优点。现在，侦察卫星使用得非常广泛，数量占所有人造卫星的1/3左右。

照相侦察卫星上都装有各种先进的照相机。其中，"全景照相机"可以旋转整个镜头，其旋转角度达180°，主要用来进行大面积搜索、监视、进行地面目标的"普查"。"画幅式照相机"主要用于"详查"地面目标，对可疑目标进行详细的辨认。美国"大鸟"照相侦察间谍卫星上的画幅式照相机，从160千米的高空拍摄下来的照片，竟能够分辨出地面上0.3米大小的物体，也就是说能够看清一个人背的包是什么样的。

预防灾难的卫星

　　世界各地时常发生各种自然灾害，一些专门的卫星在减灾防灾方面起到了重要的作用。现代的某些气象卫星，能够不间断地对地球大气进行观测，连续关注一些潜在的气象灾害，并做出准确的预报。还有一种能穿云透雨的雷达卫星，它能发出一定频率的电磁波，穿到地表以下一定的深度，将反射和散射的回波形成图像，供科学家们参考、研究。

　　现在，还有一种用于预报地震的卫星。这种卫星上装有遥感仪器，能准确测出地面、水面及各种界面上的温度。因为，地震前，震区周围会出现温度异常的前兆，如果地震卫星捕捉到这种异常的变化，就会迅速提供温度图像，以供相关专家参考。

茫茫宇宙中的宇宙飞船

　　宇宙飞船实质上就是载人的卫星，与卫星不同的是它有应急、营救、返回、生命保障等系统，以及雷达、计算机和变轨发动机等设备。宇宙飞船的体积和质量都不太大，因此飞船每次只能乘 2～3 名宇航员，一般在太空中只能停留几天。

　　目前，科学家已经研制出三种结构的宇宙飞船，即一舱式、两舱式和三舱

式。一舱式是最简单的，只有宇航员的座舱；两舱式飞船是由座舱和提供动力、电源、氧气和水的服务舱组成，改善了宇航员生活和工作的环境；三舱式是在两舱式的基础上增加了一个轨道舱，增大了宇航员的活动空间，可以进行多种科学实验。

宇宙飞船的返回舱与"黑障"现象

宇宙飞船的返回舱是一个密闭座舱，在轨道中飞行时与轨道舱连在一起，成为航天员的居住舱。在宇宙飞船起飞阶段和降落阶段，航天员都要半躺在该舱内的座椅上。座椅前方是仪表板，可以显示飞行情况。座椅上安装姿态控制手柄，在飞船自控失灵时，可以手动此手柄进行调整。

飞船（三舱式）返回地面之前，轨道舱和服务舱分别与返回舱分离，并在进入大气层的过程中焚毁，只有返回舱载着航天员返回地面。返回舱进入地球大气层时，在某一段时间内，会出现与外界联络严重失真甚至中断的现象，这在航天上叫"黑障"现象。原来，航天器在经过大气层时，与大气产生剧烈的摩擦，使其表面与周围的空气发生电离，从而导致通信电波衰减或无法发出。当航天器的速度逐渐减慢后，通信也就恢复正常了。

航天飞机与空天飞机

　　航天飞机是集卫星、飞机、宇宙飞船技术于一身的，部分可重复使用的航天器。它需垂直起飞、水平降落，以火箭发动机为动力发射到太空，能在轨道上运行，且可以往返于地球表面和近地轨道之间。

　　它由轨道器、固体燃料助推火箭和外储箱三大部分组成。轨道器是航天飞机的主体，又是航天飞机中唯一可载人的部分，也是真正在地球轨道上飞行的部件。固体燃料助推火箭将航天飞机升到一定高度后，与轨道器分离，回收后经过修

理可重复使用。外储箱是个巨大的壳体，内部装有供轨道器主发动机用的推进剂，是航天飞机组件中唯一不能回收的部分。航天飞机的轨道器是载人的部分，有宽大的机舱，它能够带着航天员定点着陆。

　　空天飞机是对航空航天飞机的简称。顾名思义，它集飞机、运载器、航天器等多重功能于一身，既能在大气层中像航空飞机那样利用大气层中的氧气飞行，又能像航天飞机那样，利用自身携带的燃料在大气层以外飞行。空天飞机起飞时，不必借助火箭发射，也可以任意选择轨道，降落时又能像普通飞机一样自由选择跑道。

　　空天飞机的动力装置既不同于飞机发动机，也不同于火箭发动机，而是一种混合配置的动力装置。它由空气喷气发动机和火箭喷气发动机两大部分组成：

起飞时空气喷气发动机先工作，这样可以充分利用大气中的氧，节省燃料；飞到高空后，火箭喷气发动机开始工作，燃烧自身携带的燃烧剂和氧化剂。

宇宙空间站

　　宇宙空间站是运行在地球轨道上的一种小型实验性科研与军事活动的基地，上面有维持人长期正常生活的环境，安装有保障宇航员进行各种工作的仪器设备以及为人和设备服务的各种装备，可载人长期飞行。它可研究人对空间环境的适应能力、探测天体、观察地球、试制新材料和药品，并进行生物实验等。

　　为了使人们在太空中生活得安全、舒适，空间站上设有各种先进的配套设施。生活设施，有食品柜、电热器、饮水箱、坐椅、睡铺、卫生间、淋浴装置等；文化设施，则包括专门收看地面电视节目的电视机和各种体育锻炼器。此外，还有可靠的生命保障系统，包括大气再生器和水再生器等。

保障宇航员生命安全的宇航服

　　宇航服是宇航员的生命保障系统，也是宇航员进行太空行走的生命屏障。宇航服可以很好地保护宇航员免受各种伤害，它能够经得起细小陨石和微尘的高速冲击而不会破损。在真空环境中，人体血液中含有的氮会变成气体，使体积膨胀。如果人不穿加压气密的航天服，就会因体内外的压差悬殊而有生命危险。另外，宇航服里还有供氧和通风等设备，而且还可以储存一定量的食物和水以及能容纳排泄物的马桶。

上面说的是用于宇航员舱外活动的宇航服，还有一种只能供宇航员在飞船座舱内使用的宇航服。如果飞船座舱内发生泄漏，宇航员可以穿上舱内宇航服，启动供氧、供气系统。另外，它还能提供一定的温度保障和通信功能，确保宇航员在飞船发生故障时安全返回。

太空生活

在太空中，人是失重的，会像传说中的神仙那样飘浮在空中。宇航员吃饭时最怕张开嘴巴，如果不小心，食品碎屑就会飘在空中，很不好清除。因此，早期的太空食品都做成糊状，如苹果酱、牛肉酱、菜泥和肉菜混合物之类。现在的太空食品多采用易拉罐包装，以便加温。为防止开盖时食品飞走，在易拉盖下还通常加封一层塑料膜。

在太空中睡觉也是一件很特别的事，首先是黑白不分。这是因为宇航员在天上绕地球航行，太空日出日落由航天器绕地球一圈的时间而定。因此，宇航员无法按照地球上"日落而息"的习惯睡觉。对于宇航员来说在太空中睡觉，睡姿是很随意的，因为在失重的情况下，他们可以躺着睡、站着睡，还可以飘着睡。但为了避免睡着了以后飘来飘去的，他们要睡在睡袋里。

宇航员在太空中也要刷牙，但他们刷牙可不是一件轻松的事。宇航员们没有牙刷，只能用块湿布包在手指上当牙刷。宇航员的牙膏是特制的，为了防止牙膏泡沫在空中乱飞，刷完牙后还要把牙膏咽进肚子里。长期待在太空中的宇航员，同生活在地球上的人一样需要洗澡。在太空中洗澡既费时又费力，首先宇航员要把脚固定在一个限制器上，防止洗澡时飘起来；然后要戴上面罩和眼

罩，防止水珠吸入肺部或进入眼睛。

宇航员在太空大小便很不方便，要把人固定在马桶上，不然很容易把粪便弄到空中去，要是那样可就太糟糕了。不过还没有哪个宇航员这么不小心的。由于太空环境的影响，空间站内的大部分垃圾都是湿的，这会促使微生物和细菌的生长。为了保证宇航员的身体健康，必须抑制细菌的繁殖，所以就要对垃圾进行真空干燥或冷冻储藏处理。

人类进入太空的第一次尝试

东方号是苏联最早的载人飞船系列，也是世界上第一个载人航天器。东方号载人航天工程始于20世纪50年代后期，在载人之前，共发射了5艘无人试验飞船。1957年，苏联在太空中进行第一次动物试验，他们把一只名为莱卡的小狗送上了太空。这只小狗在太空中生活了5天，最后因卫星没有返回系统，而永远留在了那里。这次试验证明哺乳动物在人造卫星的困难环境下，也能生存。

1961年4月12日，世界上第一艘载人飞船"东方1号"飞上太空。苏联航天员加加林乘飞船绕地飞行108分钟，于10时55分在预定地点安全降落，完成了世界上人类的首次宇宙飞行。从此，载人航天的时代来临了。

土星探测计划

"卡西尼—惠更斯"计划是一个由美国国家航天局、欧洲航天局和意大利航天局三方合作的，对土星进行空间探测的科研项目。"卡西尼号"土星探测器由美国国家航天局负责建造，以意大利出生的法国天文学家"卡西尼"的名字命名；"惠更斯号"探测器以荷兰物理学家、天文学家、数学家惠更斯的名字命名，由法国阿尔卡特空间公司负责制造，属于欧洲航天局所有。

1997 年 10 月 15 日，搭载着"惠更斯"的"卡西尼号"探测器离开地球，开始了漫长的土星探测之旅。

2004 年 7 月 1 日，在太空旅行了 7 年后，"卡西尼号"探测器进入土星轨道，正式开始了对土星的探测使命，对土星及其大气、光环、卫星和磁场进行考察。

2004 年 12 月 25 日，欧洲"惠更斯号"探测器脱离位于环土星轨道的美国"卡西尼号"探测器，飞向土星最大的一颗卫星——土卫六。

2005 年 1 月 14 日，"惠更斯"抵达土卫六上空 1270 千米的目标位置，同时开启自身的降落程序，穿越土卫六的大气层，成功登陆土卫六。

2007 年 4 月，为了掌握更多有关土星及其卫星的资料，相关部门决定将"卡西尼—惠更斯"土星探测计划的任务期延长 2 年。

"卡西尼号"和"惠更斯号"经过多年的工作，传回了大量关于土星及其卫星的照片和数据，使科学家们有了许多新的发现，如：

（1）土星环拥有自己的大气层，其主要成分是氧气。

（2）土星上有"无线电波喷发"和"龙形风暴"。

（3）土星上的闪电强度要比地球的高出几百万倍。

（4）太阳系最危险区域：土星的外侧光环 F 环正不断地遭受着小型天体的撞击。

（5）土卫六表面湖海中的液态碳氢化合物数量惊人，初步估算是地球上已探明石油和天然气储量的数百倍。

火星探测

20 世纪 60 年代，人类就开始利用航天器探测火星了。

1962 年：苏联"火星 1 号"探测器飞越火星的尝试失败。

1965 年：美国"水手 4 号"行星际探测器飞越火星，拍摄了 21 张照片。

1969 年：美国"水手 4 号"探测器发回 75 张照片。

1969 年：美国"水手 7 号"探测器发回 126 张照片。

1971 年：苏联"火星 3 号"探测器在火星着陆并发回照片。

1972 年：美国"水手 9 号"探测器沿着火星轨道飞行，发回 7000 多张照片。

1974 年：苏联"火星 5 号"探测器沿着火星轨道飞行了数天。

1974 年：苏联"火星 6 号"和"火星 7 号"探测器在火星着陆，探测结果没有公布。

1976 年：美国"海盗 1 号"和"海盗 2 号"探测器在火星着陆。发回了 5 万多张照片和大量的数据。

1989 年：苏联"福波斯 1 号"和"福波斯 2 号"探测器在前往火星的途中失踪。

1996 年："火星环球勘探者"发射升空，1997 年进入环绕火星的轨道。

1998 年：美国发射火星气候探测器。1999 年 9 月 23 日，探测器与地面失去联系。

1999 年：美国发射火星极地着陆者探测器。

2003 年 6 月 2 日：欧洲宇航局发射"火星快车"探测器。

2003 年 6 月 8 日：美国太空总署发射"火星探测漫步者–A"探测器。

2003 年 6 月 25 日：美国太空总署发射"火星探测漫步者–B"探测器。

2007 年 8 月：美国"凤凰号"火星着陆探测器升空。

2008 年 5 月 25 日："凤凰号"成功降落在火星北极附近区域。

2010 年 8 月 29 日："萤火一号"抵达火星。

2012 年 8 月 6 日："好奇号"火星车在火星表面着陆。

中国的航天之路

　　"神舟一号"是中国自主研制的第一艘"试验飞船"。1999 年 11 月 20 日，"神舟一号"飞船在酒泉卫星发射中心发射升空，经过 21 小时 11 分的太空飞行，"神舟一号"顺利返回地球——中国载人航天工程首次飞行试验取得圆满成功。

　　继"神舟一号"后，中国又陆续成功发射了"神舟"系列的"二号""三号""四号"无人飞船。"神舟四号"是我国载人航天工程第三艘正样无人飞船，除没有载人外，技术状态与载人飞船完全一致。它的成功，标志着中国即将进入载人飞船时代。

　　2003 年 10 月 15 日，中国独立研制的"神舟五号"载人飞船，在中国航天第一城酒泉卫星发射中心成功发射，进入预定轨道。飞船绕地球运行 14 圈后，在预定地区着陆。杨利伟成为第一个乘坐中国自己的飞船上天的中国人。

　　2005 年 10 月 12 日上午，"神舟六号"发射成功。2005 年 10 月 17 日凌晨 4

时 33 分，在经过 115 小时 32 分钟的太空飞行，完成中国真正意义上有人参与的空间科学实验后，"神舟六号"载人飞船返回舱在内蒙古顺利着陆。航天员费俊龙、聂海胜安全返回。从"神舟五号"到"神舟六号"，名称虽只差一级，但却是从"一人"航天飞行到"多人"航天飞行的重大跨越，标志着我国在发展载人航天技术方面取得了又一个具有里程碑意义的重大胜利。

2008 年 9 月 25 日，"神舟七号"飞船载着翟志刚、刘伯明和景海鹏三名航天员，从酒泉卫星发射中心发射升空。9 月 27 日下午，"神舟七号"上的航天员翟志刚穿上中国自行研制的第一套舱外航天服，打开舱门，完成了太空行走。9 月 28 日，飞船成功在内蒙古四子王旗着陆。

于 2011 年 11 月 1 日 5 时 58 分 10 秒由改进型"长征二号"F 遥八火箭顺利发射升空。升空后 2 天，"神八"与此前发射的"天宫一号"目标飞行器进行了空间交会对接。组合体运行 12 天后，"神舟八号"飞船脱离"天宫一号"并再次与之进行交会对接试验，这标志着我国已经成功突破了空间交会对接及组合体运行等一系列关键技术。2011 年 11 月 16 日 18 时 30 分，"神舟八号"飞船与"天宫一号"目标飞行器成功分离，返回舱于 11 月 17 日 19 时许返回地面。

2012 年 6 月 16 日 18 时 37 分，"神舟九号"飞船在酒泉卫星发射中心发射升空。2012 年 6 月 18 日 11 时左右转入自主控制飞行，14 时左右与"天宫一号"实施自动交会对接，这是中国实施的首次载人空间交会对接。并于 2012 年

6月29日10点00分安全返回。

这次航天员在轨飞行10天以上，是我国历次载人飞行中时间最长的一次，标志着我国载人航天由短期飞行向中长期飞行过渡。

探测地球空间的"双星计划"

中国"双星计划"全称"地球空间双星探测计划"，此计划中的主角是两颗以大椭圆轨道绕地球运行的小卫星。"探测一号"是赤道星，于2003年12月成功发射。"探测二号"是极轨星，于2004年7月成功发射。两颗卫星的构造与外形基本相同，但"探测二号"的功能稍微先进些。

这两颗卫星运行于之前国际上地球空间探测卫星尚未覆盖的重要活动区，相互配合。科学家们利用中国"双星"与欧空局磁层探测计划已发射的四颗卫星联合探测，在从太阳到地球的空间中，形成人类历史上第一个对地球空间的六点立体探测体系。这些卫星观测结果由中国与欧洲共同享有。

宇宙中的其他生命

20世纪中后期，关于外星人降临地球的传闻随处皆是，有人甚至声称自己看见了外星人。历史进入到今天，人们对有无外星人的话题一直在争论不休。但是谁也没有能证明"亲见"外星人的有力证据，所谓的外星人，都只活在电

影和科幻小说里。

虽然没有找到外星人降临地球的证据，但科学家认为，某些星球上一定生活着像人类一样的智慧生命。事实上，科学家通过对落在地球上的一些陨石进行分析，发现太空中存在有机分子，这意味着生命诞生是有可能的。科学家们还提出了"宇宙绿岸公式"，企图通过数学推理的方法，计算出可能存在智慧生命星球的数量。我们知道，银河系中约有 2000 亿颗恒星，科学家利用绿岸公式计算出，银河系中可能拥有高智慧生命的天体数为 2484 个。

为了寻找地外的智慧生命，地球人做了许多努力。20 世纪 70 年代，美国执行了著名的"奥兹玛计划"，即监听从遥远的恒星传来的电波，希望能听到外星文明的声音，但至少到目前为止，什么也没听到。

1972 年 3 月和 1973 年 4 月，美国先后发射了"先驱者 10 号"和"先驱者 11 号"空间探测器，它们各自携带了一张"地球名片"飞向宇宙。"地球名片"其实是一张星际问候卡，由镀金铝板制成，可以保存几十亿年，上面刻着地球在太空中的位置，还绘有代表地球人类的男女图像。

1977 年 8 月和 9 月，美国先后发射了"旅行者 1 号"和"旅行者 2 号"空间探测器，它们各带着一张被称为"地球之音"的特别唱片驶向了太空。唱片可以保存 10 亿年，上面有我们精心制作的详细的"自我介绍"，包括 115 张照片和图表，35 种大自然及人类活动的声音，27 首世界名曲，近 60 种语言的问候语。